Bernard Ksiazek

Wort-Bild-Karten
Mathematik 5/6

Begriffe und Zusammenhänge auf einen Blick für
sprachlich schwache Schüler und Nicht-Muttersprachler

D1673023

GRATIS-DOWNLOADS
für das Fach Mathematik

GRATIS !

Sichern Sie sich 2 originelle, komplett ausgearbeitete Unterrichtsstunden, die aus dem Stegreif in maximal 5 Minuten vorbereitet sind – ideal für Vertretungsstunden.

Download der Gratis-Materialien unter
www.auer-verlag.de/06714DK1

Abbildungsverzeichnis:

S. 6:   Geodreieck © pico/stock.adobe.com
S. 9:   Thermometer (c) vladischern/ Fotolia
S. 26: Geschnittene Pizza © Liaurinko/stock.adobe.com
S. 41: Schneeflocke © ivivankeulen/stock.adobe.com
S. 46: Geodreieck © pico/stock.adobe.com
S. 46: Lineal © Brilt/stock.adobe.com
S. 46: Meterstab © TELCOM-PHOTOGRAPHY/ stock-adobe.com
S. 46: Maßband © Franziska Krause/stock.adobe.com
S. 47: Schlüssel © Thomas Söllner/stock.adobe.com
S. 48: Gewichte für Balkenwaage © J A Nicoli/ stock.adobe.com
S. 48: Balkenwaage © zothen/stock.adobe.com

S. 48: Küchenwaage © segojpg/stock.adobe.com
S. 48: Kofferwaage © Dmitriy Sladkov/stock.adobe.com
S. 48: Ameisen und Blattläuse © Szasz-Fabian Jozsef/ Fotolia
S. 49: Armbanduhr © Mykhailo Liapin/Fotolia
S. 49: Sonnenuhr © Andrea Izzotti/Fotolia
S. 49: Wecker © lunglee/stock.adobe.com
S. 49: Stoppuhr © booka/stock.adobe.com
S. 49: Armbanduhr mit zwei Anzeigen © Black Jack/ adobe.stock.com
S. 54: Tetrapack Milch © rdnzl/stock.adobe.com
S. 54: Zuckerwürfel © chones/stock.adobe.com

Gedruckt auf umweltbewusst gefertigtem, chlorfrei gebleichtem und alterungsbeständigem Papier.

1. Auflage 2019
© 2019 Auer Verlag, Augsburg
AAP Lehrerfachverlage GmbH
Alle Rechte vorbehalten.

Covergestaltung: annette forsch konzeption und design, Berlin
Umschlagfoto: iStock: jaroon
Illustrationen: Steffen Jähde
Satz: Typographie & Computer, Krefeld
Druck und Bindung: Franz X. Stückle Druck und Verlag, Ettenheim
ISBN 978-3-403-08253-8
www.auer-verlag.de

Inhaltsverzeichnis

Vorwort

Mathematik kommt ohne Sprache nicht aus, auch wenn Kinder mit Migrationshintergrund sich gerade im scheinbar sprachfreien Mathematikunterricht (beispielsweise beim „Päckchenrechnen") eine Entlastung von den sprachlichen Anforderungen des Schulalltags erhoffen.

Eine große Anzahl von Schülern[1] in Deutschland verfügt nur über geringe Sprachkompetenzen oder ist aufgrund von Migration nicht Muttersprachler.

Die Herausforderung besteht darin, diese Kinder und Jugendlichen zu fördern und schnell in den Regelunterricht zu integrieren. Neben dem Erwerb der deutschen Sprache benötigen die Schüler auch die fachlichen Grundlagen in Mathematik, ohne die die typischen Arbeitsweisen und Inhalte des Fachunterrichts nicht umgesetzt werden können.

Die vorliegenden Wort-Bild-Karten bieten eine Zusammenstellung von mathematischen Begriffen und Zusammenhängen auf einen Blick. Es handelt sich dabei um das Grundlagenwissen für Schüler der Jahrgangsstufen 5 und 6.

Der Inhalt dieses Kartensets ist sprachsensibel aufgearbeitet, sodass der Spracherwerb der Kinder und Jugendlichen berücksichtigt wird. Zusätzlich bietet jede Karte einen „Anfängerteil", der vorwiegend ikonische Elemente beinhaltet, und einen „Profiteil", der die Schüler an die Fachtermini heranführt und sprachlich anspruchsvoller gestaltet ist.

Nicht nur für mehrsprachige Schüler stellen die sprachlichen Anforderungen im Fach eine große Herausforderung dar. Sprachliches Nichtverstehen kann den Prozess des Mathematisierens behindern oder sogar unmöglich machen. Von einem sprachsensiblen und sprachbewussten Unterricht, der sprachliches und mathematisches Lernen miteinander verbindet, können hingegen alle Schüler profitieren. Hier bieten die Wort-Bild-Karten eine große Unterstützung. Sie können sie in allen Schulformen einsetzen.

Sie können die einzelnen Karten an die Tafel hängen oder zu einem Poster zusammenstellen. Sie können dann als Grundlage für einen Wortspeicher fungieren. Dies ist sowohl für Schüler mit nicht deutschsprachiger Herkunft sinnvoll und effektiv als auch für die anderen Schüler der Lerngruppe, deren Muttersprache Deutsch ist.

Es werden mathematische Inhalte zu mathematischen Werkzeugen (Zirkel, Geodreieck, Lineal und Taschenrechner) behandelt sowie zu allen fünf Leitideen der Bildungsstandards Mathematik:

- Zahl (Zahlbereiche, Grundrechenarten, Brüche)
- Form und Raum (Koordinatensystem, Figuren, Körper, Symmetrien, Winkel)
- Messen (Längen, Gewichte, Zeit, Fläche, Volumen)
- Funktionaler Zusammenhang (Verhältnis, Proportionalität, einfache Zuordnung)
- Daten und Zufall (Tabelle, Strichliste, Säulen- und Kreisdiagramm)

Viel Erfolg mit den Wort-Bild-Karten!

Bernard Ksiazek

---

[1] Aufgrund der besseren Lesbarkeit ist in diesem Buch mit Lehrer immer auch Lehrerin gemeint. Ebenso verhält es sich mit Schüler und Schülerin etc.

der **Zirkel**

Anfänger	Profi
der **Zirkel** 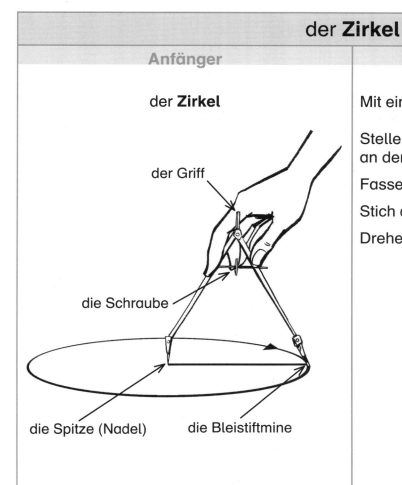	Mit einem **Zirkel** kann man Kreise zeichnen:

Im Bild beschriftet:
- der Griff
- die Schraube
- die Spitze (Nadel)
- die Bleistiftmine

Mit einem **Zirkel** kann man Kreise zeichnen:

Stelle die Größe (den Radius) des Kreises an der Schraube ein.

Fasse den Zirkel am Griff.

Stich die Spitze ein.

Drehe den Zirkel.

das **Lineal**

Anfänger	Profi

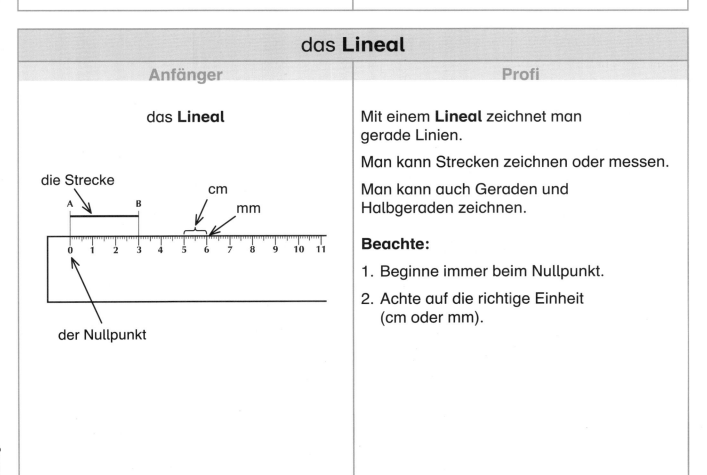

das **Lineal**

Im Bild beschriftet:
- die Strecke
- cm
- mm
- der Nullpunkt

Mit einem **Lineal** zeichnet man gerade Linien.

Man kann Strecken zeichnen oder messen.

Man kann auch Geraden und Halbgeraden zeichnen.

Beachte:

1. Beginne immer beim Nullpunkt.

2. Achte auf die richtige Einheit (cm oder mm).

das **Geodreieck**

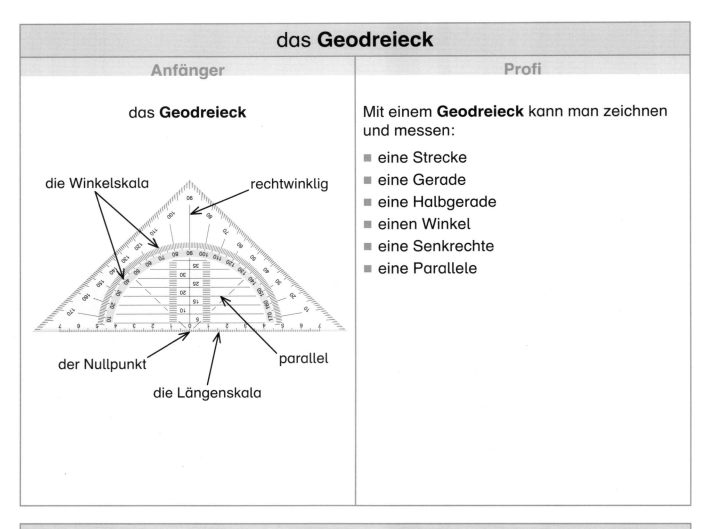

das **Geodreieck**

die Winkelskala · rechtwinklig · der Nullpunkt · parallel · die Längenskala

Mit einem **Geodreieck** kann man zeichnen und messen:

- eine Strecke
- eine Gerade
- eine Halbgerade
- einen Winkel
- eine Senkrechte
- eine Parallele

der **Taschenrechner**

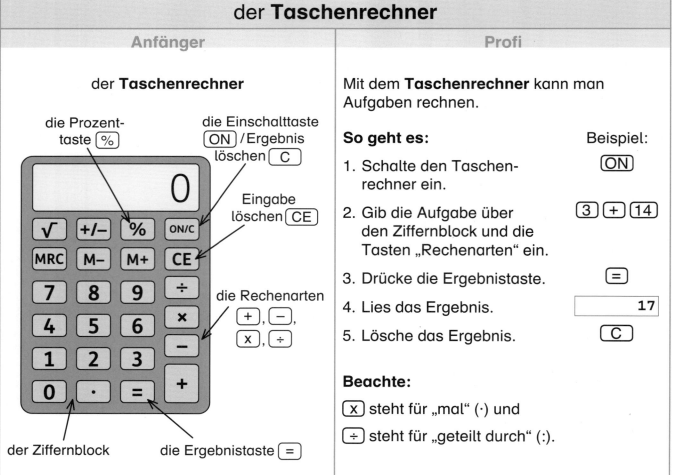

der **Taschenrechner**

die Prozenttaste %
die Einschalttaste ON /Ergebnis löschen C
Eingabe löschen CE
die Rechenarten +, −, x, ÷
der Ziffernblock
die Ergebnistaste =

Mit dem **Taschenrechner** kann man Aufgaben rechnen.

So geht es: Beispiel:

1. Schalte den Taschenrechner ein. — ON

2. Gib die Aufgabe über den Ziffernblock und die Tasten „Rechenarten" ein. — 3 + 14

3. Drücke die Ergebnistaste. — =

4. Lies das Ergebnis. — 17

5. Lösche das Ergebnis. — C

Beachte:

x steht für „mal" (·) und

÷ steht für „geteilt durch" (:).

Bernard Ksiazek: Wort-Bild-Karten Mathematik 5/6
© Auer Verlag

die **Stellenwerttafel**

Die Zahl 2 316 507 in der **Stellenwerttafel**:

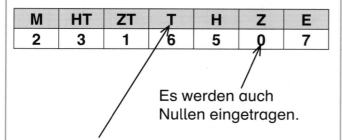

M	HT	ZT	T	H	Z	E
2	3	1	6	5	0	7

Es werden auch
Nullen eingetragen.

Die Buchstaben sind *Abkürzungen*:

E	= Einer	=	1
Z	= Zehner	=	10
H	= Hunderter	=	100
T	= Tausender	=	1 000
ZT	= Zehntausender	=	10 000
HT	= Hunderttausender	=	100 000
M	= Million	=	1 000 000

In einer **Stellenwerttafel** kann man Ziffern eintragen oder ablesen.

Oben stehen Buchstaben. Sie sind Abkürzungen für die Stellen.

Beispiel:
Die Zahl 2 316 507 besteht aus:

2 M	= 2 x	1 000 000	=	2 000 000
3 HT	= 3 x	100 000	=	300 000
1 ZT	= 1 x	10 000	=	10 000
6 T	= 6 x	1 000	=	6 000
5 H	= 5 x	100	=	500
0 Z	= 0 x	10	=	0
7 E	= 7 x	1	=	1

Addiert ergibt das 2 316 507.

---

die **römische Zahl**

die **römische Zahl**: *Buchstaben* stehen für Zahlen

Zahl	römisch
1	I
5	V
10	X
50	L
100	C
500	D
1 000	M

Römische Zahlen bestehen oft aus mehreren *Buchstaben*:

$$\textbf{LXVII}$$

50 + 10 + 5 + 1 + 1 = 67

Es gibt keine römische Zahl für 0.

Merke:

IV	= 5 – 1	= 4
IX	= 10 – 1	= 9
XL	= 50 – 10	= 40
IL	= 50 – 1	= 49
XC	= 100 – 10	= 900
CM	= 1 000 – 100	= 900

Wir benutzen heute meistens *arabische Zahlen*: 1, 2, 3, ...

der **Zahlbereich**

Anfänger	Profi

Anfänger

Beispiele für **Zahlbereiche**:

Natürliche Zahlen
0, 1, 2, ..., 10, 11, ..., 99, 100, 101, ...

Ganze Zahlen
..., –3, –2, –1, 0, 1, 2, 3, ...

Rationale Zahlen
... –1, $-\frac{5}{8}$, $-\frac{1}{2}$, $-\frac{2}{7}$, –0,07, 0, $\frac{2}{7}$, 1, $\frac{8}{5}$, ...

Profi

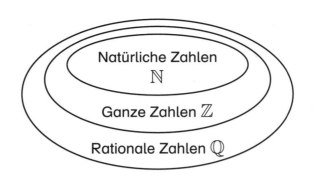

Natürliche Zahlen ($\mathbb{N}$): Zahlen, die man zum Zählen verwendet

Ganze Zahlen ($\mathbb{Z}$): natürliche Zahlen und negative Zahlen

Rationale Zahlen ($\mathbb{Q}$): ganze Zahlen und Brüche

---

die **natürliche Zahl**

Anfänger	Profi

Anfänger

Beispiele für **natürliche Zahlen**:

0, 1, 2, ..., 10, 11, ..., 99, 100, 101, ...

Profi

Natürliche Zahlen sind Zahlen, mit denen man zählt.

$\mathbb{N} = \{0, 1, 2, 3, ...\}$

Meistens gilt auch die 0 als natürliche Zahl.

Natürliche Zahlen können weiter unterteilt werden:

- gerade Zahlen: 2, 4, 6, ...
- ungerade Zahlen: 1, 3, 5, ...
- Primzahlen: 2, 3, 5, 7, ...

Bernard Ksiazek: Wort-Bild-Karten Mathematik 5/6
© Auer Verlag

die **ganze Zahl**

Anfänger	Profi
Beispiele für **ganze Zahlen**: ..., –3, –2, –1, 0, 1, 2, 3, ... 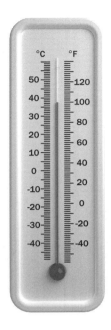	**Ganze Zahlen** sind die *natürlichen Zahlen* und die *negativen Zahlen* (Minuszahlen). $\mathbb{Z} = \{..., -3, -2, -1, 0, 1, 2, 3, ...\}$

die **rationale Zahl**

Anfänger	Profi
Beispiele für **rationale Zahlen**: 0, 1, ..., 15, ..., 12 579, ..., –10, ..., –1, ... $-\dfrac{5}{8}, -\dfrac{1}{2}, -\dfrac{2}{7}, -0{,}07, \dfrac{2}{7}, 1, \dfrac{8}{5}, ...$	**Rationale Zahlen** sind die *ganzen Zahlen* und die *Bruchzahlen*. $\mathbb{Q} = \{... -1, -\dfrac{5}{8}, -\dfrac{1}{2}, -\dfrac{2}{7}, -0{,}07, 0, \dfrac{2}{7}, 1, \dfrac{8}{5}, ...\}$

Bernard Ksiazek: Wort-Bild-Karten Mathematik 5/6
© Auer Verlag

der **Zahlenstrahl**

Anfänger	Profi
Anfänger	Profi

Anfänger

der **Zahlenstrahl** (gerade Linie)

der Pfeil
(kein Ende)

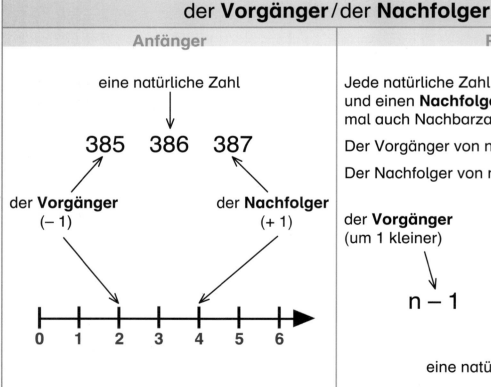

der Anfang

Zahlen im regel-
mäßigen Abstand

Profi

Der **Zahlenstrahl** ist links von der Zahl 0 begrenzt (*Nullpunkt*).

Auf dem Zahlenstrahl stehen *Striche* und Zahlen in regelmäßigem Abstand.

Beispiele:

- 0, 1, 2, 3, …
- 0, 0,1, 0,2, 0,3, …
- 0, $\frac{1}{4}$, $\frac{1}{2}$, $\frac{3}{4}$, 1, $1\frac{1}{4}$, …

Ein Zahlenstrahl lässt sich unendlich weiterführen (der *Pfeil*).

Der Zahlenstrahl besitzt eine Ordnung, zum Beispiel 0 < 1 < 2 < 3 …

---

der **Vorgänger** / der **Nachfolger**

Anfänger

eine natürliche Zahl

385   386   387

der **Vorgänger**
(− 1)

der **Nachfolger**
(+ 1)

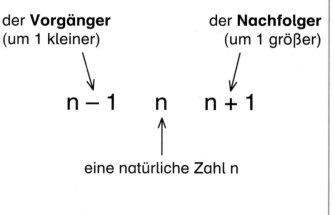

Profi

Jede natürliche Zahl hat einen **Vorgänger** und einen **Nachfolger**. Sie heißen manchmal auch Nachbarzahlen.

Der Vorgänger von n ist um 1 kleiner als n.

Der Nachfolger von n ist um 1 größer als n.

der **Vorgänger**
(um 1 kleiner)

der **Nachfolger**
(um 1 größer)

$$n - 1 \quad n \quad n + 1$$

eine natürliche Zahl n

Bernard Ksiazek: Wort-Bild-Karten Mathematik 5/6
© Auer Verlag

kleiner / größer / gleich

Anfänger	Profi
< kleiner als **>** größer als **=** gleich (wie)	Man kann zwei Zahlen miteinander vergleichen. Es gibt dafür *Vergleichszeichen*: **< kleiner als** **> größer als** **= gleich (wie)** Beispiele: $$3 < 10$$ „Drei ist <u>kleiner als</u> 10." $$10 > 3$$ „10 ist <u>größer als</u> 3." $$\frac{1}{2} = \frac{2}{4}$$ „$\frac{1}{2}$ ist <u>gleich</u> $\frac{2}{4}$." oder „$\frac{1}{2}$ ist <u>gleich groß wie</u> $\frac{2}{4}$."

das **Runden von Zahlen**

Anfänger	Profi
eine **Zahl runden** = die Zahl ungefähr angeben Beispiele: 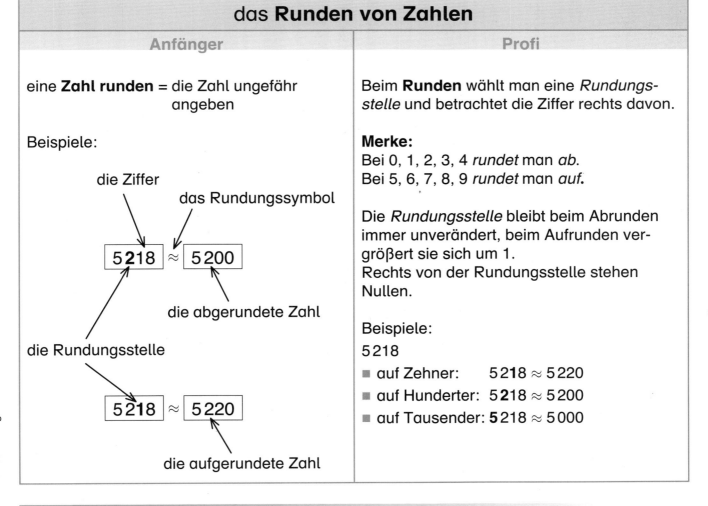	Beim **Runden** wählt man eine *Rundungsstelle* und betrachtet die Ziffer rechts davon. **Merke:** Bei 0, 1, 2, 3, 4 *rundet* man *ab*. Bei 5, 6, 7, 8, 9 *rundet* man *auf*. Die *Rundungsstelle* bleibt beim Abrunden immer unverändert, beim Aufrunden vergrößert sie sich um 1. Rechts von der Rundungsstelle stehen Nullen. Beispiele: 5 218 ■ auf Zehner: $5\,218 \approx 5\,220$ ■ auf Hunderter: $5\,218 \approx 5\,200$ ■ auf Tausender: $5\,218 \approx 5\,000$

die **Addition**

Anfänger	Profi

Anfänger

die **Addition** = das Plus-Rechnen
addieren = zusammenzählen

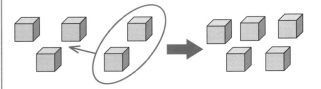

oder

$$3 + 2 = 5$$

Gesprochen: „3 plus 2 gleich 5."

Profi

Bei der **Addition** *addiert* man Zahlen.
Man zählt sie zusammen.

Merke:

das Plus-Zeichen

$$a + b = c$$

der 1. Summand   die Summe

der 2. Summand

Also:

1. Summand + 2. Summand = Summe

die **Subtraktion**

Anfänger	Profi

Anfänger

die **Subtraktion** = das Minus-Rechnen
subtrahieren = abziehen

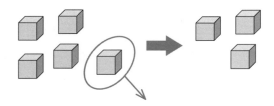

oder

$$4 - 1 = 3$$

Gesprochen: „4 minus 1 gleich 3."

Profi

Bei der **Subtraktion** *subtrahiert* man Zahlen. Man zieht sie voneinander ab.

Merke:

das Minus-Zeichen

$$a - b = c$$

der Minuend   die Differenz

der Subtrahend

Also:

Minuend − Subtrahend = Differenz

Die Subtraktion ist die Umkehroperation zur Addition.

Bernard Ksiazek: Wort-Bild-Karten Mathematik 5/6
© Auer Verlag

die **Multiplikation**

Anfänger

die **Multiplikation** = das Vervielfachen
multiplizieren = malnehmen

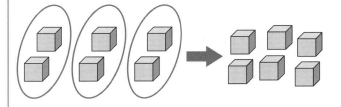

oder

$$3 \cdot 2 = 6$$

Gesprochen: „3 mal 2 gleich 6."

Profi

Bei der **Multiplikation** *multipliziert* (vervielfacht) man Zahlen.

Merke:

der 1. Faktor

das Produkt (a-mal)

$$a \cdot b = b + b + b \ldots + b$$

das Mal-Zeichen

der 2. Faktor

Also:

1. Faktor mal 2. Faktor = Produkt

---

die **Division**

Anfänger

die **Division** = die Teilung
dividieren = teilen

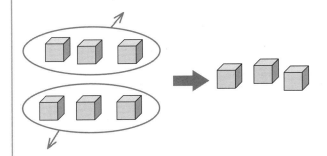

oder

$$6 : 2 = 3$$

Gesprochen: „6 geteilt durch 2 gleich 3."

Profi

Bei der **Division** *dividiert* (teilt) man Zahlen.

Merke:

der Dividend

der Divisor (Teiler)

$$a : b = x$$

das Geteilt-Zeichen

der Quotient

Also:

Dividend geteilt durch Divisor gleich Quotient.

Beachte: Man teilt nicht durch 0.

Die Division ist die Umkehroperation zur Multiplikation.

der **größte gemeinsame Teiler (ggT)**

Anfänger	Profi

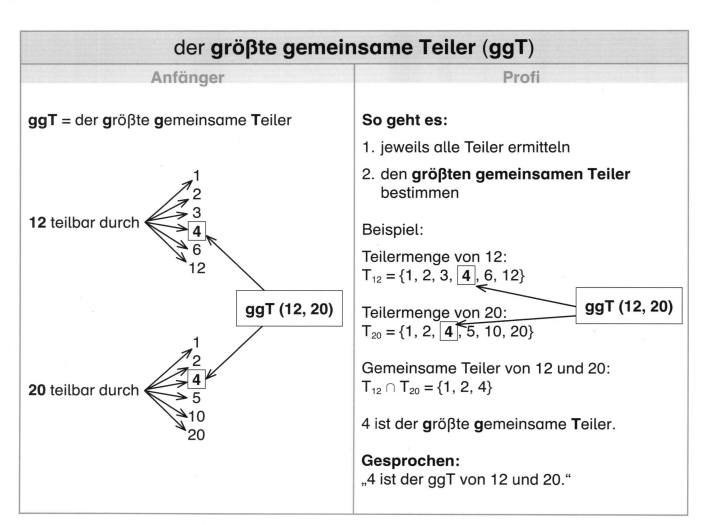

Anfänger

ggT = der **g**rößte **g**emeinsame **T**eiler

12 teilbar durch
1
2
3
4
6
12

ggT (12, 20)

20 teilbar durch
1
2
4
5
10
20

Profi

So geht es:

1. jeweils alle Teiler ermitteln

2. den **größten gemeinsamen Teiler** bestimmen

Beispiel:

Teilermenge von 12:
$T_{12} = \{1, 2, 3, \boxed{4}, 6, 12\}$

Teilermenge von 20:
$T_{20} = \{1, 2, \boxed{4}, 5, 10, 20\}$

Gemeinsame Teiler von 12 und 20:
$T_{12} \cap T_{20} = \{1, 2, 4\}$

4 ist der **g**rößte **g**emeinsame **T**eiler.

ggT (12, 20)

Gesprochen:
„4 ist der ggT von 12 und 20."

das **kleinste gemeinsame Vielfache (kgV)**

Anfänger	Profi

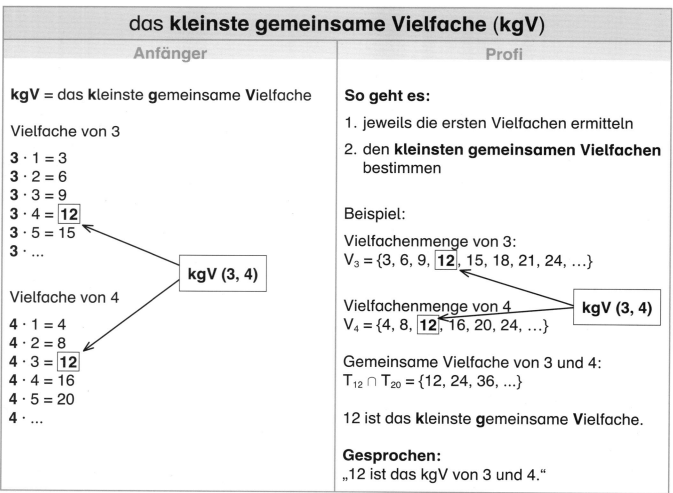

Anfänger

kgV = das **k**leinste **g**emeinsame **V**ielfache

Vielfache von 3

$3 \cdot 1 = 3$
$3 \cdot 2 = 6$
$3 \cdot 3 = 9$
$3 \cdot 4 = \boxed{12}$
$3 \cdot 5 = 15$
$3 \cdot ...$

kgV (3, 4)

Vielfache von 4

$4 \cdot 1 = 4$
$4 \cdot 2 = 8$
$4 \cdot 3 = \boxed{12}$
$4 \cdot 4 = 16$
$4 \cdot 5 = 20$
$4 \cdot ...$

Profi

So geht es:

1. jeweils die ersten Vielfachen ermitteln

2. den **kleinsten gemeinsamen Vielfachen** bestimmen

Beispiel:

Vielfachenmenge von 3:
$V_3 = \{3, 6, 9, \boxed{12}, 15, 18, 21, 24, ...\}$

Vielfachenmenge von 4
$V_4 = \{4, 8, \boxed{12}, 16, 20, 24, ...\}$

kgV (3, 4)

Gemeinsame Vielfache von 3 und 4:
$T_{12} \cap T_{20} = \{12, 24, 36, ...\}$

12 ist das **k**leinste **g**emeinsame **V**ielfache.

Gesprochen:
„12 ist das kgV von 3 und 4."

Bernard Ksiazek: Wort-Bild-Karten Mathematik 5/6
© Auer Verlag

die **Potenz**

Anfänger	Profi

Anfänger

die **Potenz** — der Exponent (die Hochzahl)

$$2^3 = 2 \cdot 2 \cdot 2$$

die Basis (die Grundzahl)

Gesprochen: „2 hoch 3"

Profi

Eine **Potenz** ist ein Produkt aus *gleichen Faktoren*.

Beispiel:

$$2^4 = 2 \cdot 2 \cdot 2 \cdot 2 = 32$$

der Potenzwert

Die *Basis* (die Grundzahl) gibt den Faktor an, der *Exponent* (die Hochzahl) die Anzahl der Faktoren. Das Ergebnis ist der *Potenzwert*.

Gesprochen: „2 hoch 4"

---

die **Zehnerpotenz**

Anfänger	Profi

Anfänger

die **Zehnerpotenz** — der Exponent (die Hochzahl)

$$10^2 = 10 \cdot 10$$

die Basis (die Grundzahl)

Gesprochen: „10 hoch 2"

Profi

Eine **Zehnerpotenz** ist ein *Produkt aus Zehnen*.

Beispiel:

$$10^3 = 10 \cdot 10 \cdot 10 = 1\,000$$

der Potenzwert

10 ist die *Basis* (die Grundzahl). Sie gibt den Faktor an.
Der *Exponent* (die Hochzahl) gibt die Anzahl der Faktoren an.
Das Ergebnis ist der *Potenzwert*.

Gesprochen: „10 hoch 3"

die Variable

Anfänger	Profi
$5 + \boxed{} = 8$ die **Variable** / der *Platzhalter* $5 + x = 8$	die **Variable** = der *Platzhalter* / die *Unbekannte* die Variable $5 + x = 8$ die Konstante (eine feste Zahl) Die Variable x steht für eine unbekannte Zahl. Man muss eine passende Zahl für die Variable finden.

der **Term**

Anfänger	Profi
der **Term** = der Rechenausdruck $5 + 14$ → Term ohne Platzhalter $x + 8$ → Term mit Platzhalter $2\ kg + 3\ kg$ → Term mit Größe	der *Termwert* = das Ergebnis den Termwert berechnen = für eine Variable (x) eine Zahl einsetzen Beispiel: der Term $\boxed{x + 8}$ I x = 5 einsetzen $5 + 8 = 13$ der Termwert

Bernard Ksiazek: Wort-Bild-Karten Mathematik 5/6
© Auer Verlag

die **Klammer**

Anfänger	Profi
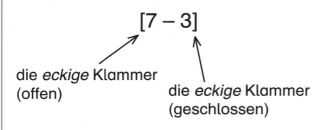	**Klammern** treten immer *paarweise* auf: eine offene und eine geschlossene Klammer

$(3 + 5)$

die *runde* Klammer (offen)

die *runde* Klammer (geschlossen)

$[7 - 3]$

die *eckige* Klammer (offen)

die *eckige* Klammer (geschlossen)

Klammern treten immer *paarweise* auf: eine offene und eine geschlossene Klammer

Klammern legen die *Reihenfolge* der *Rechenschritte* fest.

Merke:
Klammern müssen immer zuerst aufgelöst werden.

Beispiel:

$4 \cdot (5 + 3) = 4 \cdot 8$
$= 32$

---

die **Punktrechnung** / die **Strichrechnung**

Anfänger	Profi

$7 \cdot 3 = 21$

$25 : 5 = 5$

die **Punktrechnung** (mal / geteilt)

$9 + 2 = 11$

$7 - 4 = 3$

die **Strichrechnung** (plus / minus)

die **Punktrechnung:**
die Multiplikation ($\cdot$)
die Division (:)

die **Strichrechnung:**
die Addition ($+$)
die Subtraktion ($-$)

Merke:
Punktrechnung vor Strichrechnung

Beispiel:

$4 \cdot 5 + 3 = 20 + 3 = 23$

Punkt ($\cdot$) vor Strich ($+$)

das **Kommutativgesetz**

Anfänger	Profi

Anfänger

das **Kommutativgesetz** =
das *Vertauschungsgesetz*

Beispiele:

Addition:

$$2 + 3 = 3 + 2$$

$$5 \qquad 5$$

Multiplikation:

$$3 \cdot 5 = 5 \cdot 3$$

$$15 \qquad 15$$

Merke: Nur bei plus (+) und mal (·) !

Profi

Das **Kommutativgesetz**
(das *Vertauschungsgesetz*):

Zahlen können bei der Addition und bei
der Multiplikation vertauscht werden.
Das Ergebnis ist gleich.

Kommutativgesetz der Addition:

$$a + b = b + a$$

Kommutativgesetz der Multiplikation:

$$a \cdot b = b \cdot a$$

Merke: Gilt nur bei Addition und Multiplikation, nicht bei Subtraktion und Division!

---

das **Assoziativgesetz**

Anfänger	Profi

Anfänger

das **Assoziativgesetz** =
das *Verbindungsgesetz*

Beispiele:

Addition:

$$(2 + 3) + 4 = 2 + (3 + 4)$$

$$5 + 4 = 2 + 7$$

$$9 \qquad 9$$

Multiplikation:

$$(2 \cdot 3) \cdot 4 = 2 \cdot (3 \cdot 4)$$

$$6 \cdot 4 = 2 \cdot 12$$

$$24 \qquad 24$$

Merke: Nur bei plus (+) und mal (·) !

Profi

Das **Assoziativgesetz**
(das *Verbindungsgesetz*):

Zahlen können bei der Addition und bei der
Multiplikation beliebig verbunden werden.
Das Ergebnis ist gleich.

Assoziativgesetz der Addition:

$$(a + b) + c = a + (b + c)$$

Assoziativgesetz der Multiplikation:

$$(a \cdot b) \cdot c = a \cdot (b \cdot c)$$

Merke: Gilt nur bei Addition und Multiplikation, nicht bei Subtraktion und Division!

Bernard Ksiazek: Wort-Bild-Karten Mathematik 5/6
© Auer Verlag

das **Distributivgesetz**

Anfänger	Profi

das **Distributivgesetz** =
das *Verteilungsgesetz*

Beispiel:

$$2 \cdot (3 + 4) = 2 \cdot 3 + 2 \cdot 4$$
$$\underbrace{2 \cdot 7}_{14} = \underbrace{6 + 8}_{14}$$

Das **Distributivgesetz**
(das *Verteilungsgesetz*):

Man kann denselben Ausdruck auf verschiedene Weisen darstellen: als Produkt mit einer Klammer a · (b + c) oder als Summe von zwei Produkten (a · b + a · c).
Das Ergebnis ist gleich.

$$a \cdot (b + c) = a \cdot b + a \cdot c$$

Das gilt auch, wenn in der Klammer eine Differenz steht:

$$a \cdot (b - c) = a \cdot b - a \cdot c$$

der **Bruch**

Anfänger	Profi

Beispiel für einen **Bruch**:

$$\frac{3}{5}$$

Gesprochen: „drei Fünftel"

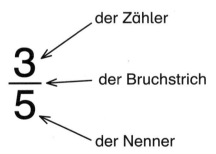

Gesprochen: „drei Fünftel"

der **Zähler** / der **Nenner**

Anfänger	Profi

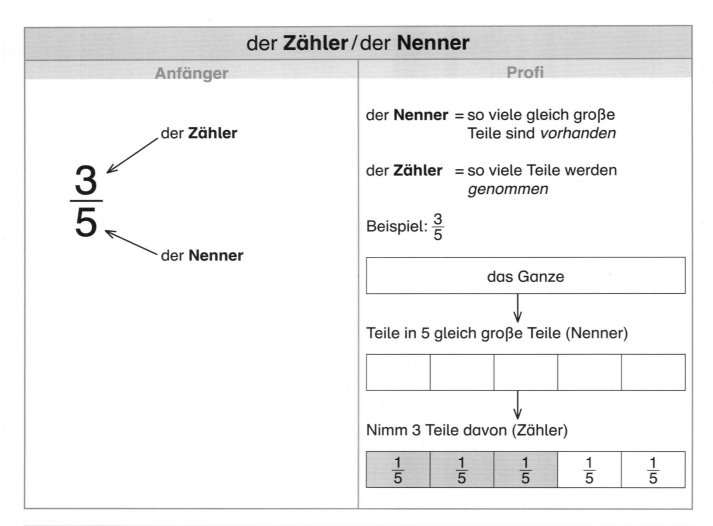

Anfänger:

der **Zähler**

$$\frac{3}{5}$$

der **Nenner**

Profi:

der **Nenner** = so viele gleich große Teile sind *vorhanden*

der **Zähler** = so viele Teile werden *genommen*

Beispiel: $\frac{3}{5}$

das Ganze

Teile in 5 gleich große Teile (Nenner)

Nimm 3 Teile davon (Zähler)

$\frac{1}{5}$	$\frac{1}{5}$	$\frac{1}{5}$	$\frac{1}{5}$	$\frac{1}{5}$

das **Ganze** / die **Teile**

Anfänger	Profi

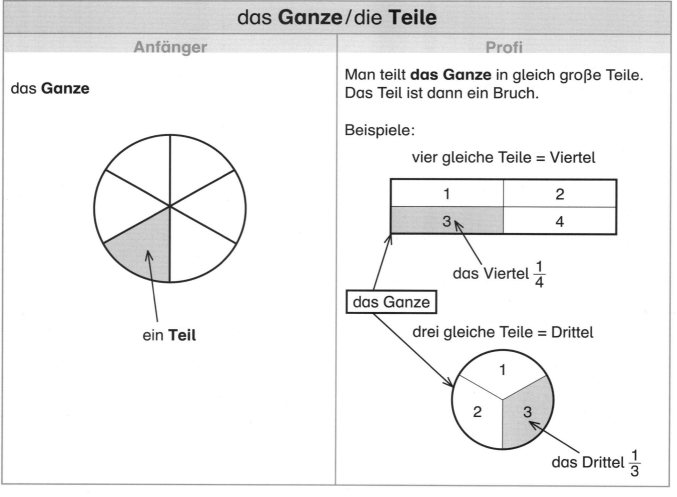

Anfänger:

das **Ganze**

ein **Teil**

Profi:

Man teilt **das Ganze** in gleich große Teile. Das Teil ist dann ein Bruch.

Beispiele:

vier gleiche Teile = Viertel

1	2
3	4

das Viertel $\frac{1}{4}$

das Ganze

drei gleiche Teile = Drittel

das Drittel $\frac{1}{3}$

Bernard Ksiazek: Wort-Bild-Karten Mathematik 5/6
© Auer Verlag

der **Anteil**

Anfänger

Beispiele für einen **Anteil**:
Der gegessene Anteil einer Pizza:

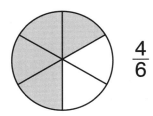

$$\frac{4}{6}$$

oder

der Zuckeranteil von Schokocreme:

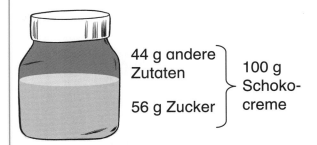

44 g andere Zutaten
56 g Zucker
$\Bigg\}$ 100 g Schoko-creme

Profi

Der **Anteil**: Wie viele gleich große Teile vom Ganzen habe ich?

Man zerlegt das Ganze in n gleiche Teile.
Ein Teil ist dann $\frac{1}{n}$. Wenn man a dieser Teile nimmt, dann erhält man einen Anteil von $\frac{a}{n}$.

$$\text{Anteil} = a \cdot \frac{1}{n} = \frac{a}{n}$$

Beispiel:
2 von 6 Eiern sind weiß.

$$\frac{2}{6} = \boxed{\frac{1}{3}}$$

gekürzt

Der Anteil weißer Eier ist ein Drittel.

---

der **Stammbruch**

Anfänger

Beispiele für **Stammbrüche**:

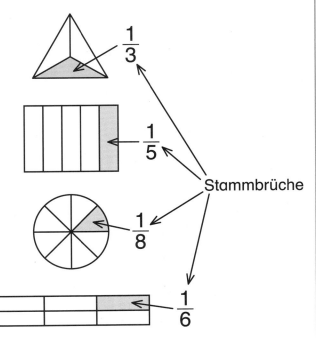

$\frac{1}{3}$

$\frac{1}{5}$

$\frac{1}{8}$

Stammbrüche

$\frac{1}{6}$

Profi

Ein **Stammbruch** ist ein Bruch, bei dem der Zähler 1 ist.

Beispiele:

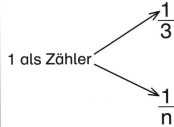

1 als Zähler

$\frac{1}{3}$

$\frac{1}{n}$

Bernard Ksiazek: Wort-Bild-Karten Mathematik 5/6
© Auer Verlag

Brüche erweitern

Anfänger	Profi

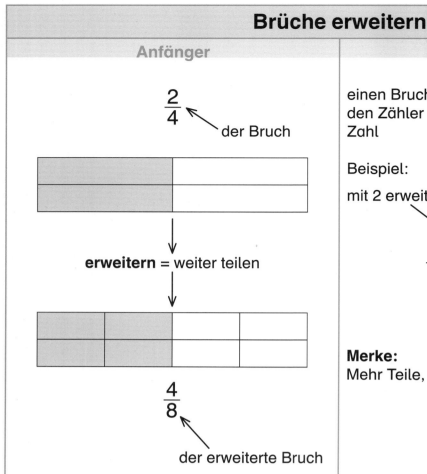

$\dfrac{2}{4}$ ← der Bruch

erweitern = weiter teilen

$\dfrac{4}{8}$ ← der erweiterte Bruch

einen Bruch **erweitern** = man multipliziert den Zähler und den Nenner mit der gleichen Zahl

Beispiel:

mit 2 erweitern

Zähler mal 2

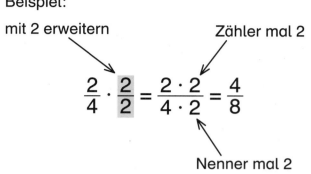

$$\frac{2}{4} \cdot \boxed{\frac{2}{2}} = \frac{2 \cdot 2}{4 \cdot 2} = \frac{4}{8}$$

Nenner mal 2

Merke:
Mehr Teile, aber gleiche Menge.

Brüche kürzen

Anfänger	Profi

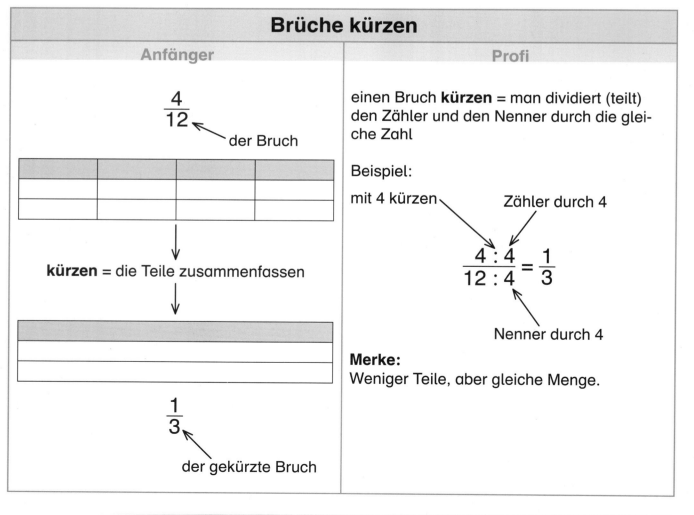

$\dfrac{4}{12}$ ← der Bruch

kürzen = die Teile zusammenfassen

$\dfrac{1}{3}$ ← der gekürzte Bruch

einen Bruch **kürzen** = man dividiert (teilt) den Zähler und den Nenner durch die gleiche Zahl

Beispiel:

mit 4 kürzen

Zähler durch 4

$$\frac{4 : 4}{12 : 4} = \frac{1}{3}$$

Nenner durch 4

Merke:
Weniger Teile, aber gleiche Menge.

Bernard Ksiazek: Wort-Bild-Karten Mathematik 5/6
© Auer Verlag

Brüche vergleichen und ordnen

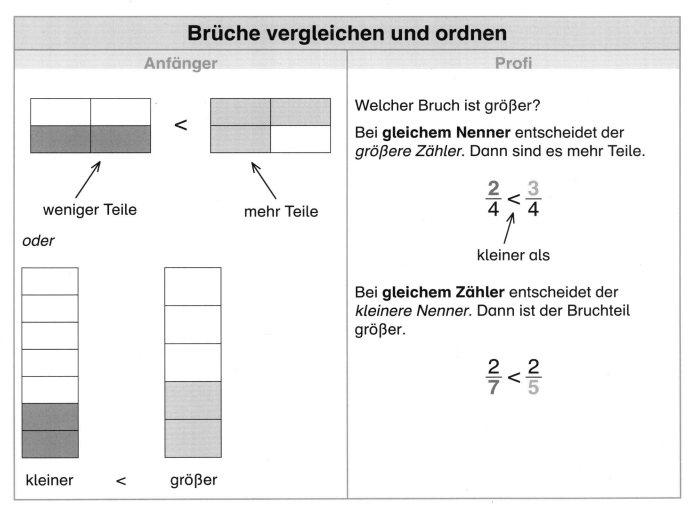

Anfänger

weniger Teile   mehr Teile

oder

kleiner   <   größer

Profi

Welcher Bruch ist größer?

Bei **gleichem Nenner** entscheidet der *größere Zähler*. Dann sind es mehr Teile.

$$\frac{2}{4} < \frac{3}{4}$$

kleiner als

Bei **gleichem Zähler** entscheidet der *kleinere Nenner*. Dann ist der Bruchteil größer.

$$\frac{2}{7} < \frac{2}{5}$$

Brüche addieren

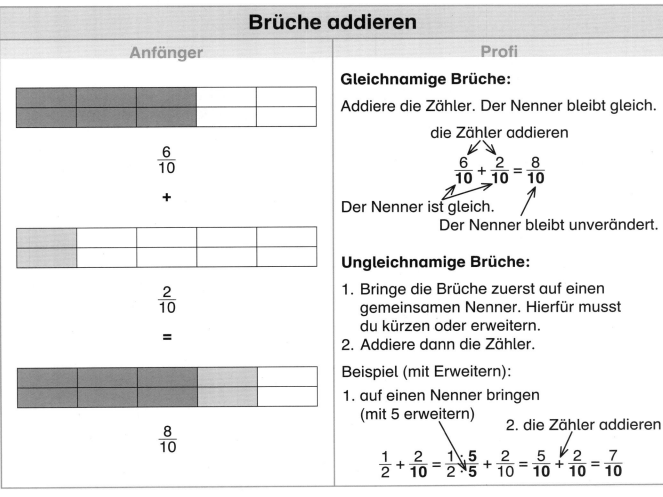

Anfänger

$$\frac{6}{10}$$

$+$

$$\frac{2}{10}$$

$=$

$$\frac{8}{10}$$

Profi

Gleichnamige Brüche:

Addiere die Zähler. Der Nenner bleibt gleich.

die Zähler addieren

$$\frac{6}{10} + \frac{2}{10} = \frac{8}{10}$$

Der Nenner ist gleich.

Der Nenner bleibt unverändert.

Ungleichnamige Brüche:

1. Bringe die Brüche zuerst auf einen gemeinsamen Nenner. Hierfür musst du kürzen oder erweitern.
2. Addiere dann die Zähler.

Beispiel (mit Erweitern):

1. auf einen Nenner bringen (mit 5 erweitern)

2. die Zähler addieren

$$\frac{1}{2} + \frac{2}{10} = \frac{1 \cdot 5}{2 \cdot 5} + \frac{2}{10} = \frac{5}{10} + \frac{2}{10} = \frac{7}{10}$$

Brüche subtrahieren

Anfänger	Profi

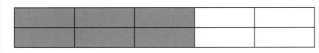

$$\frac{6}{10}$$

$$-$$

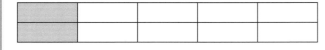

$$\frac{2}{10}$$

$$=$$

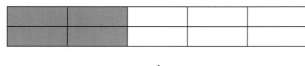

$$\frac{4}{10}$$

Gleichnamige Brüche:
Subtrahiere die Zähler. Der Nenner bleibt gleich.

die Zähler subtrahieren

$$\frac{6}{10} - \frac{5}{10} = \frac{1}{10}$$

Ungleichnamige Brüche:

1. Bringe die Brüche auf einen gemeinsamen Nenner. Hierfür musst du kürzen oder erweitern.
2. Subtrahiere dann die Zähler.

Beispiel (mit Kürzen):
1. durch 2 kürzen

2. die Zähler subtrahieren

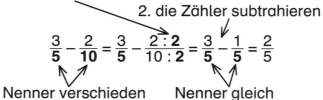

$$\frac{3}{5} - \frac{2}{10} = \frac{3}{5} - \frac{2:2}{10:2} = \frac{3}{5} - \frac{1}{5} = \frac{2}{5}$$

Nenner verschieden   Nenner gleich

Brüche multiplizieren

Anfänger	Profi

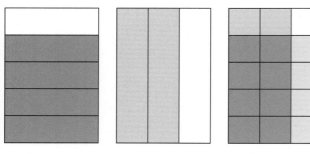

$$\frac{4}{5} \cdot \frac{2}{3} = \frac{8}{15}$$

Brüche multiplizieren = die Zähler multiplizieren und die Nenner multiplizieren

die Zähler multiplizieren

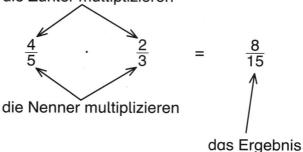

$$\frac{4}{5} \cdot \frac{2}{3} = \frac{8}{15}$$

die Nenner multiplizieren

das Ergebnis

Merke:
Das Ergebnis einer Multiplikation kann häufig gekürzt werden.

Beispiel: $\frac{2}{4} \cdot \frac{2}{3} = \frac{2 \cdot 2}{4 \cdot 3} = \frac{4}{12} = \frac{4:4}{12:4} = \frac{1}{3}$

Bernard Ksiazek: Wort-Bild-Karten Mathematik 5/6
© Auer Verlag

Brüche dividieren

Anfänger	Profi
$$\frac{3}{7} : \frac{1}{2} = \frac{3}{7} \cdot \frac{\mathbf{2}}{\mathbf{1}} = \frac{6}{7}$$ $$: \frac{1}{2} \longrightarrow \cdot \frac{2}{1}$$	**Brüche dividieren** = den Kehrwert des zweiten Bruchs bilden, dann die Brüche multiplizieren $$\frac{3}{7} : \frac{1}{2} = \frac{3}{7} \cdot \frac{\mathbf{2}}{\mathbf{1}} = \frac{6}{7}$$ der Kehrwert von $\frac{1}{2}$ **Merke:** Aus „geteilt" wird „mal".

der **Kehrwert**

Anfänger	Profi
der **Kehrwert** $$\frac{5}{9} \longrightarrow \frac{9}{5}$$	$$\frac{5}{9} \longrightarrow \frac{9}{5}$$ Beim **Kehrwert** vertauscht man den Zähler und den Nenner.

Bernard Ksiazek: Wort-Bild-Karten Mathematik 5/6
© Auer Verlag

das **Ganze bestimmen**

Anfänger	Profi
Beispiele: eine ganze Pizza:  $\frac{8}{8}$ *oder* 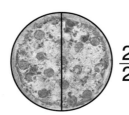 $\frac{2}{2}$	**Bekannt:** So groß ist der Anteil. **Gesucht:** Wie groß ist das Ganze zu diesem Anteil? Beispiel: 8 km sind $\frac{4}{5}$ der gesamten Stecke. 8 km : 4 = 2 km, also 2 km = $\frac{1}{5}$ 2 km · 5 = 10 km, also 10 km = $\frac{5}{5}$ 10 km sind die gesamte Strecke. **Merke:** 1. Teile durch den Zähler. 2. Multipliziere das Ergebnis mit dem Nenner.

der **gemischte Bruch** / der **unechte Bruch**

Anfänger	Profi
der **gemischte Bruch**: $2\frac{3}{4}$ 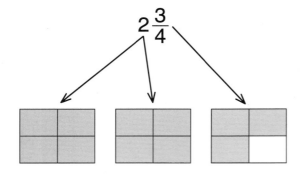 ein Ganzes + ein Ganzes + drei Viertel **Gesprochen:** „zwei drei Viertel"	ein **gemischter Bruch** = vor dem Bruch steht ein Ganzes (oder mehrere Ganze) Beispiel: $1\frac{3}{5}$ ein Ganzes + drei Fünftel" **Gesprochen:** „ein drei Fünftel" ein **unechter Bruch** = der Zähler ist größer als der Nenner Beispiel: $\frac{8}{5}$ **Gesprochen:** „acht Fünftel" **Merke:** Diese Brüche sind größer als 1.

Bernard Ksiazek: Wort-Bild-Karten Mathematik 5/6
© Auer Verlag

der Dezimalbruch

Anfänger	Profi

Anfänger

ein **Dezimalbruch** = eine Zahl mit Komma

Beisepiele:

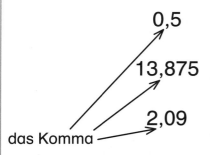

0,5

13,875

2,09

das Komma

Gesprochen:

„null Komma fünf"

„dreizehn Komma acht sieben fünf"

„zwei Komma null neun"

Profi

Dezimalbrüche haben ein *Komma*.

Sie sind eine andere Schreibweise für Bruchzahlen.

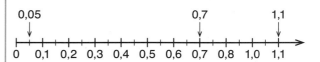

Beispiele:

$\frac{11}{10} = 1,\boxed{1}$ → ein Zehntel

$\frac{7}{10} = 0,7$

$\frac{4}{100} = 0,0\boxed{5}$ → fünf Hundertstel

---

der abbrechende Dezimalbruch

Anfänger	Profi

Anfänger

ein **abbrechender Dezimalbruch** = einige Ziffern stehen hinter dem Komma

Beispiele:

0,8

0,75

4,357

12,9537

Profi

Abbrechende Dezimalbrüche haben hinter dem Komma immer eine bestimmte Anzahl von Ziffern.
Die Ziffernfolge bricht also hinter dem Komma ab.

Beispiele:

	Abbruch
0,8	nach 1 Stelle
0,75	nach 2 Stellen
4,357	nach 3 Stellen
12,9537	nach 4 Stellen

Bernard Ksiazek: Wort-Bild-Karten Mathematik 5/6
© Auer Verlag

der **periodische Dezimalbruch**

Anfänger	Profi
Beispiele für **periodische Dezimalbrüche**: 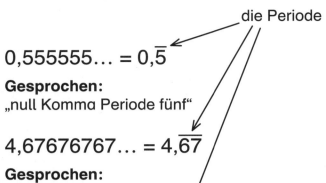 die Periode $$0,555555\ldots = 0,\overline{5}$$ **Gesprochen:** „null Komma Periode fünf" $$4,67676767\ldots = 4,\overline{67}$$ **Gesprochen:** „vier Komma Periode sechs sieben" $$3,2666666\ldots = 3,2\overline{6}$$ **Gesprochen:** „drei Komma zwei Periode sechs"	Bei **periodischen Dezimalbrüchen** wiederholt sich hinter dem Komma eine Ziffer oder eine Ziffernfolge immer wieder. *rein periodisch* = die Periode beginnt sofort hinter dem Komma Beispiel: $0,4343\ldots = 0,\overline{43}$: **Gesprochen:** „null Komma Periode vier drei" *gemischt periodisch* = *es* gibt eine oder mehrere Ziffern zwischen Komma und Periode Beispiel: $0,7652222\ldots = 0,765\overline{2}$ **Gesprochen:** „null Komma sieben sechs fünf Periode zwei"

Bernard Ksiazek: Wort-Bild-Karten Mathematik 5/6
© Auer Verlag

das **Koordinatensystem**

<table>
<tr><td align="center">Anfänger</td><td align="center">Profi</td></tr>
</table>

Anfänger

das **Koordinatensystem**
die y-Achse

die x-Achse

der Ursprung/der Nullpunkt

Profi

Ein Quadratgitter mit zwei Achsen heißt
Koordinatensystem.
Es hat eine waagerechte *x-Achse* und eine
senkrechte *y-Achse*.

Es gibt vier Quadranten:

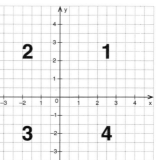

Man kann in einem Koordinatensystem die
Lage von einem Punkt beschreiben.
Man nennt erst die x-Koordinate und dann
die y-Koordinate.

---

der **Punkt**

<table>
<tr><td align="center">Anfänger</td><td align="center">Profi</td></tr>
</table>

Anfänger

der **Punkt**

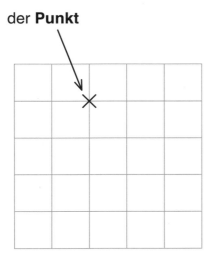

Profi

Im Koordinatensystem hat **ein Punkt** zwei
Koordinaten. Er hat keine Ausdehnung, also
keine Breite oder Länge. Ein Punkt reprä-
sentiert eine exakte Position.

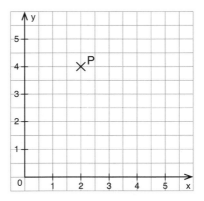

Beispiel:

P (2 | 4)

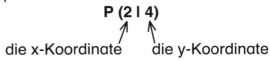

die x-Koordinate   die y-Koordinate

Man kann Punkte miteinander verbinden.

Bernard Ksiazek: Wort-Bild-Karten Mathematik 5/6
© Auer Verlag

die **Strecke**

Anfänger	Profi
	Eine **Strecke** ist begrenzt von zwei Punkten. Sie hat eine Länge.

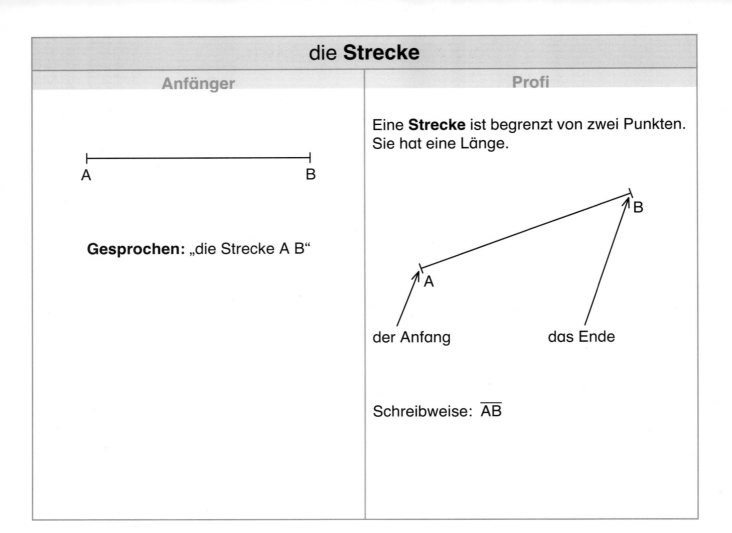

Anfänger:

Gesprochen: „die Strecke A B"

Profi:

der Anfang　　das Ende

Schreibweise: $\overline{AB}$

die **Gerade**

Anfänger	Profi
	Eine **Gerade** hat keinen Anfang und kein Ende. Sie ist unendlich lang.

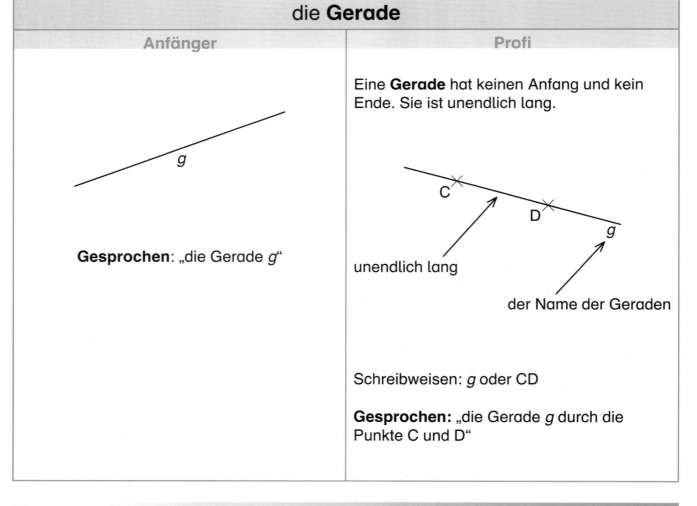

Anfänger:

Gesprochen: „die Gerade g"

Profi:

unendlich lang

der Name der Geraden

Schreibweisen: g oder CD

Gesprochen: „die Gerade g durch die Punkte C und D"

Bernard Ksiazek: Wort-Bild-Karten Mathematik 5/6
© Auer Verlag

die **Halbgerade**/der **Strahl**

Anfänger	Profi
 **Gesprochen:** „die Halbgerade A B"	Eine **Halbgerade** hat einen Anfangspunkt, aber keinen Endpunkt. Eine Halbgerade heißt auch **Strahl**. 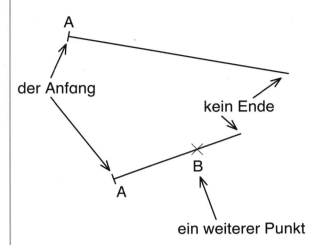 Schreibweise: $\overleftarrow{AB}$ **Gesprochen:** „die Halbgerade A B"

senkrecht/orthogonal

Anfänger	Profi
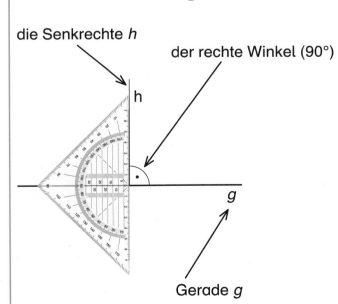 **Gesprochen:** „h ist **senkrecht** zu g"	Die Senkrechte h steht **orthogonal** (senkrecht) zur Geraden g. Die *Senkrechte* und die Gerade bilden einen rechten Winkel (90°). Man zeichnet die Senkrechte mithilfe der Mittellinie des Geodreiecks. Schreibweise: $g \perp h$ **Gesprochen:** „h ist senkrecht zu g" *oder* „h ist orthogonal zu g" **Merke:** Auch Strecken können orthogonal zueinander sein.

Bernard Ksiazek: Wort-Bild-Karten Mathematik 5/6
© Auer Verlag

parallel

Anfänger	Profi

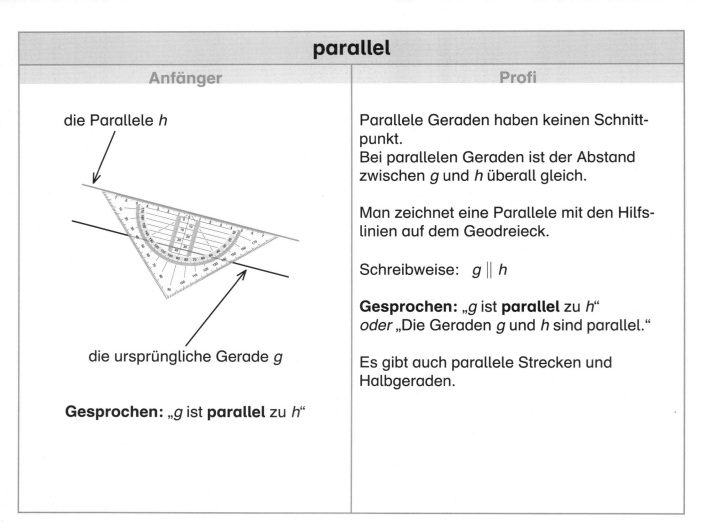

die Parallele *h*

die ursprüngliche Gerade *g*

Gesprochen: „*g* ist **parallel** zu *h*"

Parallele Geraden haben keinen Schnittpunkt.
Bei parallelen Geraden ist der Abstand zwischen *g* und *h* überall gleich.

Man zeichnet eine Parallele mit den Hilfslinien auf dem Geodreieck.

Schreibweise: *g* ∥ *h*

Gesprochen: „*g* ist **parallel** zu *h*"
oder „Die Geraden *g* und *h* sind parallel."

Es gibt auch parallele Strecken und Halbgeraden.

Figuren

Anfänger	Profi

Beispiele für **Figuren**:

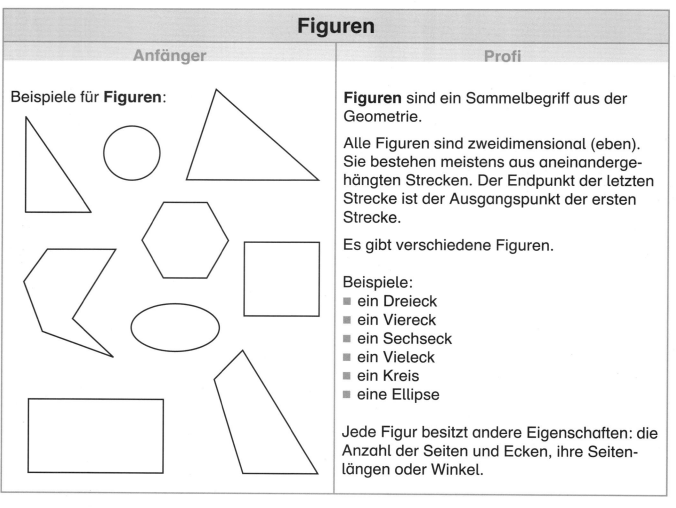

Figuren sind ein Sammelbegriff aus der Geometrie.

Alle Figuren sind zweidimensional (eben). Sie bestehen meistens aus aneinandergehängten Strecken. Der Endpunkt der letzten Strecke ist der Ausgangspunkt der ersten Strecke.

Es gibt verschiedene Figuren.

Beispiele:
- ein Dreieck
- ein Viereck
- ein Sechseck
- ein Vieleck
- ein Kreis
- eine Ellipse

Jede Figur besitzt andere Eigenschaften: die Anzahl der Seiten und Ecken, ihre Seitenlängen oder Winkel.

Bernard Ksiazek: Wort-Bild-Karten Mathematik 5/6
© Auer Verlag

das **Rechteck**

das **Rechteck**

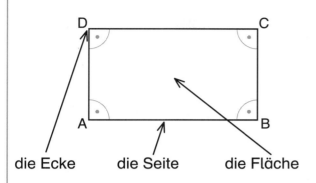

die Ecke   die Seite   die Fläche

Ein **Rechteck** hat vier Eckpunkte.

Die Ecken beschriftet man gegen den Uhrzeigersinn.

Alle Winkel sind 90° groß.

Gegenüberliegende Seiten sind gleich lang.

Beide Diagonalen sind gleich lang und halbieren einander.

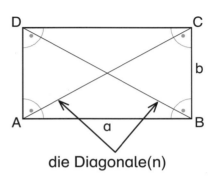

die Diagonale(n)

das **Quadrat**

das **Quadrat**

die Ecke   die Seite   die Fläche

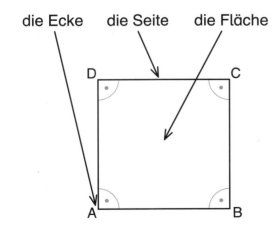

Ein **Quadrat** hat vier Eckpunkte.

Die Ecken beschriftet man gegen den Uhrzeigersinn.

Alle Winkel sind 90° groß.

Alle vier Seiten sind gleich lang.

Jedes Quadrat ist auch ein Rechteck.

Beide Diagonalen gleich lang, halbieren sich und stehen senkrecht zueinander.

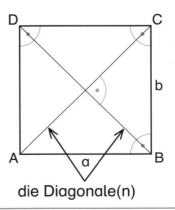

die Diagonale(n)

das **Parallelogramm**

Anfänger	Profi

Anfänger

das **Parallelogramm**

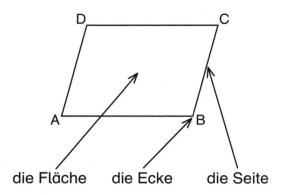

die Fläche   die Ecke   die Seite

Profi

Ein **Parallelogramm** ist ein Viereck.

Gegenüberliegende Seiten sind gleich lang: $a = c$ und $b = d$.

Gegenüberliegende Winkel sind gleich groß: $\alpha = \gamma$ und $\beta = \delta$.

Gegenüberliegende Seiten sind parallel.

Benachbarte Winkel ergänzen sich zu 180°, zum Beispiel $\alpha + \beta = \gamma + \delta = 180°$.

Beide Diagonalen halbieren sich gegenseitig.

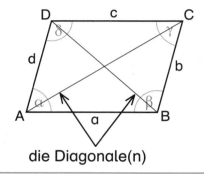

die Diagonale(n)

---

die **Raute**

Anfänger	Profi

Anfänger

die **Raute**

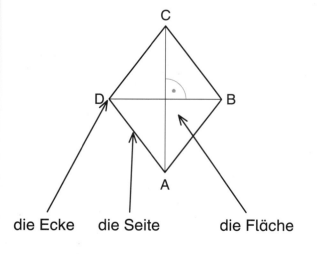

die Ecke   die Seite   die Fläche

Profi

Eine **Raute** ist ein Viereck und ein Sonderfall des Parallelogramms.

Alle Seiten sind gleich lang: $a = b = c = d$.

Die Diagonalen stehen senkrecht aufeinander.

die Raute = der **Rhombus**

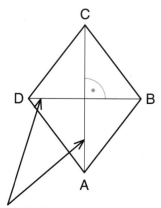

die Diagonale(n)

Bernard Ksiazek: Wort-Bild-Karten Mathematik 5/6
© Auer Verlag

das **Dreieck**

Anfänger	Profi

das **allgemeine Dreieck**

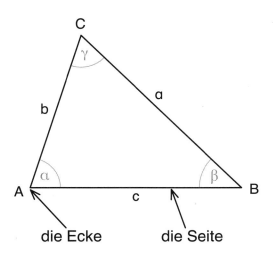

die Ecke   die Seite

Ein **Dreieck** hat drei Eckpunkte.

Die Eckpunkte dürfen nicht auf einer Geraden liegen.

Die Strecken zwischen den Eckpunkten sind die Seiten.

Eckpunkte beschriftet man gegen den Uhrzeigersinn (A, B, C).

Gegenüberliegende Seiten beschriftet man mit Kleinbuchstaben (a, b, c).

Innenwinkel beschriftet man mit α, β, γ.

Winkel α liegt bei Punkt A, β bei Punkt B und γ bei Punkt C.

Die Summe der Innenwinkel beträgt 180°:

$$\alpha + \beta + \gamma = 180°$$

---

das **rechtwinklige Dreieck**

Anfänger	Profi

das **rechtwinklige Dreieck**

die Ecke

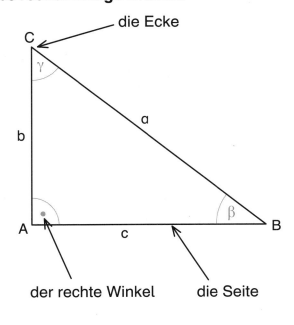

der rechte Winkel   die Seite

Ein **rechtwinkliges Dreieck** ist ein besonderes Dreieck.

Ein Winkel ist 90° groß.

die *Hypotenuse* = die Seite, die dem rechten Winkel gegenüberliegt

die *Kathete* = eine Seite, die zum rechten Winkel gehört

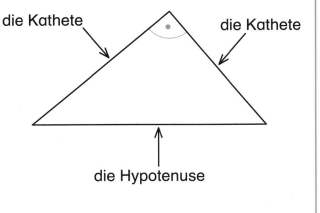

die Kathete   die Kathete

die Hypotenuse

Bernard Ksiazek: Wort-Bild-Karten Mathematik 5/6
© Auer Verlag

der **Kreis**

der **Kreis**

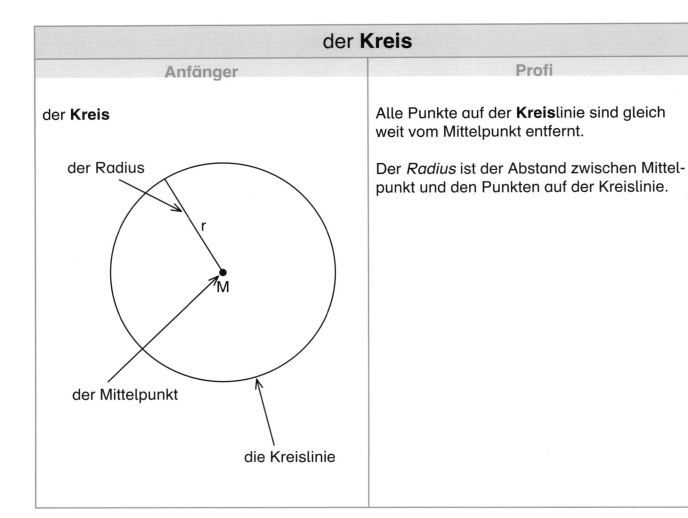

Alle Punkte auf der **Kreis**linie sind gleich weit vom Mittelpunkt entfernt.

Der *Radius* ist der Abstand zwischen Mittelpunkt und den Punkten auf der Kreislinie.

---

der **Radius** und der **Durchmesser**

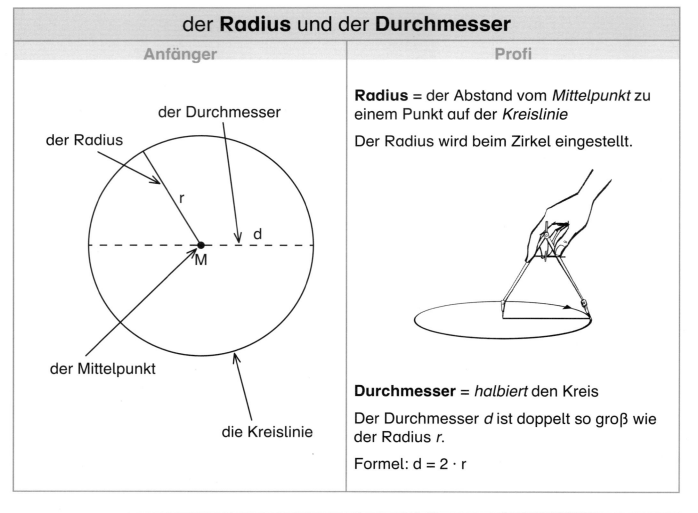

Radius = der Abstand vom *Mittelpunkt* zu einem Punkt auf der *Kreislinie*

Der Radius wird beim Zirkel eingestellt.

Durchmesser = *halbiert* den Kreis

Der Durchmesser *d* ist doppelt so groß wie der Radius *r*.

Formel: $d = 2 \cdot r$

Bernard Ksiazek: Wort-Bild-Karten Mathematik 5/6
© Auer Verlag

der **Körper**

Beispiele für **Körper**:

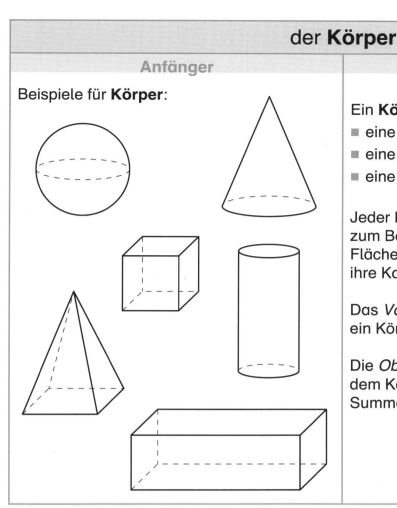

Ein **Körper** hat drei Dimensionen
- eine Länge
- eine Breite
- eine Höhe

Jeder Körper besitzt andere Eigenschaften, zum Beispiel die Form und Anzahl der Flächen, die Anzahl der Kanten und Ecken, ihre Kantenlängen oder Winkel.

Das *Volumen* ist die Größe des Raums, den ein Körper einnimmt.

Die *Oberfläche* eines Körpers kann man mit dem Körpernetz berechnen. Sie ist die Summe aller Flächen.

der **Quader**

der **Quader**

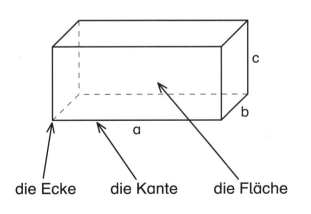

die Ecke   die Kante   die Fläche

Ein **Quader** besitzt:
- 6 rechteckige Flächen
- 12 Kanten
- 8 Ecken

Gegenüberliegende Flächen sind gleich groß.

Alle Kanten eines Quaders stehen senkrecht aufeinander.

Je 4 Kanten sind gleich lang (und parallel zueinander).

Berechnung:

Oberfläche O = Summe aller Flächen

Volumen V = Grundfläche G mal Höhe h

Formeln:

$O = 4 \cdot ab + 2 \cdot c^2$

$V = G \cdot h = ab \cdot c$

der **Würfel**

Anfänger	Profi

der Würfel

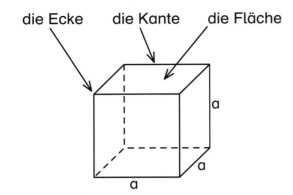

die Ecke   die Kante   die Fläche

Ein **Würfel** ist ein spezieller *Quader*:

Er besitzt auch:
- 6 rechteckige Flächen
- 12 Kanten
- 8 Ecken

Alle Kanten sind gleich lang.
Deshalb sind alle Flächen gleich groß.

Berechnung:

Oberfläche *O* = Summe aller Flächen

Volumen *V* = Grundfläche *G* mal Höhe *h*

Formeln:

$O = 6 \cdot a^2$

$V = G \cdot h = a^3$

---

das **Körpernetz**

Anfänger	Profi

Beispiel:
der Würfel

das **Würfelnetz**

aufklappen

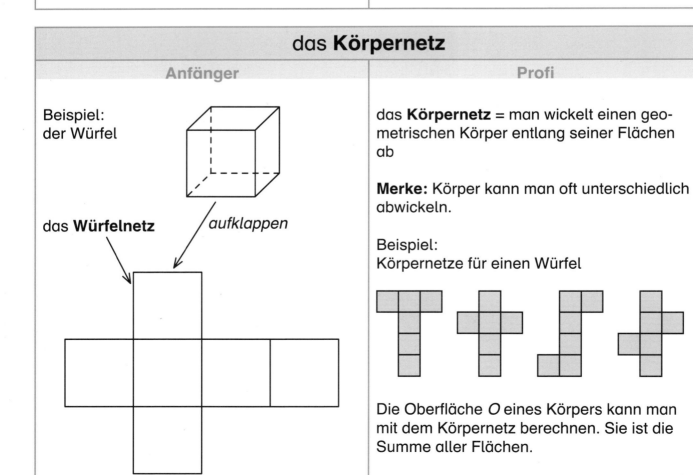

das **Körpernetz** = man wickelt einen geometrischen Körper entlang seiner Flächen ab

Merke: Körper kann man oft unterschiedlich abwickeln.

Beispiel:
Körpernetze für einen Würfel

Die Oberfläche *O* eines Körpers kann man mit dem Körpernetz berechnen. Sie ist die Summe aller Flächen.

Bernard Ksiazek: Wort-Bild-Karten Mathematik 5/6
© Auer Verlag

das **Schrägbild**

Anfänger

Profi

das **Schrägbild**

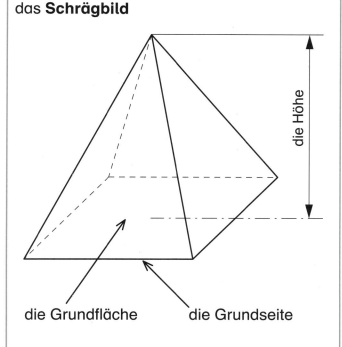

die Höhe

die Grundfläche   die Grundseite

das Schrägbild = eine dreidimensional wirkende Darstellung eines Körpers

Schrägbilder werden meist schräg nach hinten gezeichnet.

Die gegebene Länge wird dabei **halbiert**. Dadurch wird die Strecke **verkürzt**.

Der Winkel beträgt 45°.

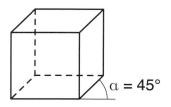

$\alpha = 45°$

---

die **Achsensymmetrie**

Anfänger

Profi

achsensymmetrisch

Beispiel:

ein gleichseitiges Dreieck

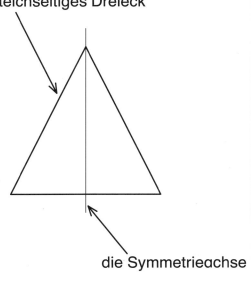

die Symmetrieachse

die **Achsensymmetrie** = eine Eigenschaft von ebenen Figuren

Eine Figur ist *achsensymmetrisch*, wenn sie aus zwei spiegelbildlichen Hälften besteht. Die Gerade, an der gespiegelt wird, heißt *Symmetrieachse*. Wenn man die Figur hier faltet, liegen die Hälften genau übereinander.

Figuren können *unterschiedlich viele Symmetrieachsen* besitzen.

Beispiel: ein Rechteck

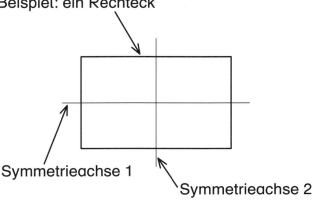

Symmetrieachse 1

Symmetrieachse 2

spiegeln

Anfänger

vorher

spiegeln/falten

nachher

Profi

spiegeln = achsensymmetrisch ergänzen
= an der Spiegelachse falten

Der Originalpunkt P und der Bildpunkt P'
sind immer gleich weit von der Spiegelachse
entfernt.

die ursprüngliche Figur

die Spiegelachse

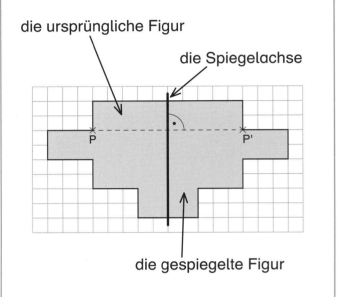

die gespiegelte Figur

verschieben

Anfänger

Beispiel:
E um 6 Kästchen nach rechts **verschieben**

die ursprüngliche Figur

der Verschiebungspfeil

die verschobene Figur

Profi

verschieben = jedem Punkt einen Bildpunkt
zuordnen, immer in dieselbe Richtung mit
demselben Abstand

Der *Verschiebungpfeil* gibt die Richtung und
den Abstand zwischen Originalpunkt und
Bildpunkt an.

Beispiel:
Dreieck PQR verschieben um ⟶
Originalpunkt → Bildpunkt
P → P', Q → Q', R → R'

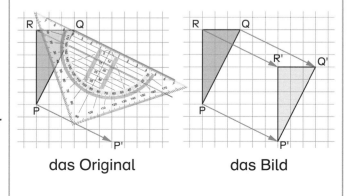

das Original   das Bild

Bernard Ksiazek: Wort-Bild-Karten Mathematik 5/6
© Auer Verlag

drehen

Anfänger	Profi

Anfänger

Beispiel: um 123° **drehen**

die Ausgangsfigur

die gedrehte Figur

123°

Z

Profi

drehen = jedem Punkt P der Ausgangsfigur einen Bildpunkt P' zuordnen

Eine *Drehung* ist durch das *Drehzentrum* Z und den *Drehwinkel* festgelegt.

Man dreht gegen den Uhrzeigersinn, also nach links.

Der Drehwinkel ist immer kleiner als 360°.

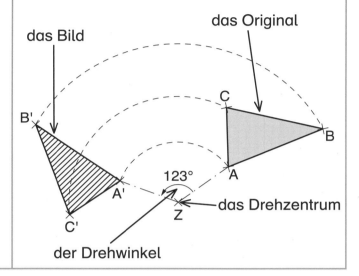

das Bild

das Original

B'

C

B

A'

A

123°

C'

Z

das Drehzentrum

der Drehwinkel

die **Drehsymmetrie**

Anfänger	Profi

Anfänger

Beispiel:

eine Schneeflocke

das Drehzentrum

eine **Drehung um 60°:**

Profi

die **Drehsymmetrie** = eine Figur um weniger als 360° drehen und wieder auf sich selbst abbilden

Beispiel:

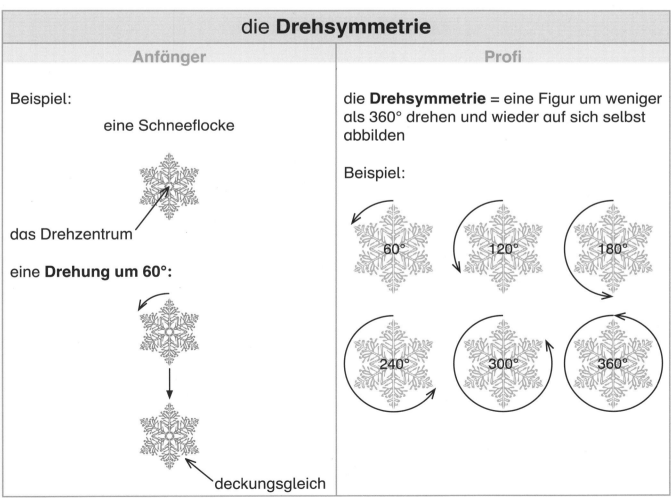

deckungsgleich

60° 120° 180°

240° 300° 360°

Bernard Ksiazek: Wort-Bild-Karten Mathematik 5/6
© Auer Verlag

die **Punktsymmetrie**

| Anfänger | Profi |

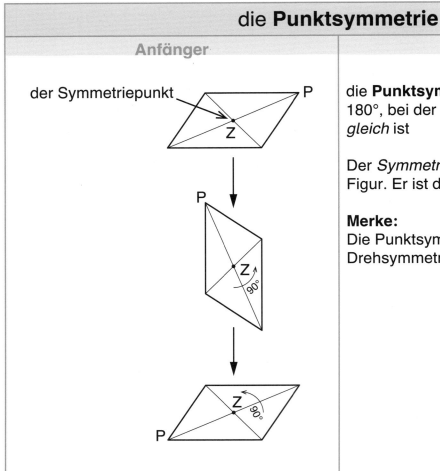

der Symmetriepunkt

die **Punktsymmetrie** = eine Drehung um 180°, bei der die Figur wieder *deckungsgleich* ist

Der *Symmetriepunkt Z* liegt innerhalb einer Figur. Er ist das S*ymmetriezentrum*.

Merke:
Die Punktsymmetrie ist ein Spezialfall der Drehsymmetrie.

das **Spiegelzentrum**

| Anfänger | Profi |

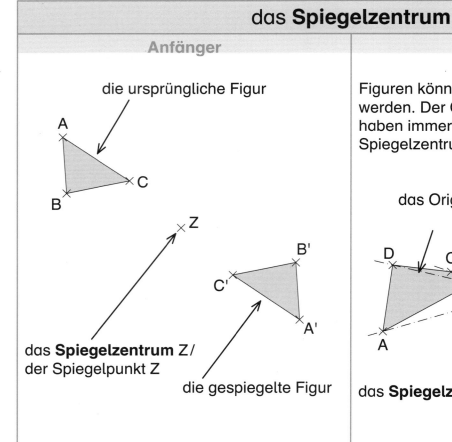

die ursprüngliche Figur

das **Spiegelzentrum** Z /
der Spiegelpunkt Z

die gespiegelte Figur

Figuren können an *einem Punkt gespiegelt* werden. Der Originalpunkt und der Bildpunkt haben immer denselben Abstand zum Spiegelzentrum.

das Original   das Bild

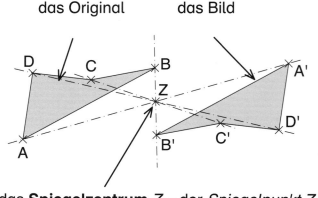

das **Spiegelzentrum** Z = der *Spiegelpunkt Z*

Bernard Ksiazek: Wort-Bild-Karten Mathematik 5/6
© Auer Verlag

der **Winkel**

Anfänger	Profi

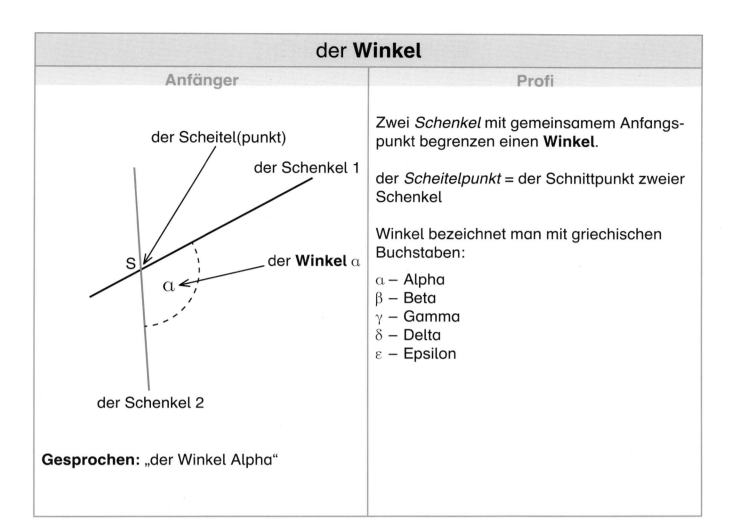

Anfänger:

der Scheitel(punkt)

der Schenkel 1

S

α

der **Winkel** α

der Schenkel 2

Gesprochen: „der Winkel Alpha"

Profi:

Zwei *Schenkel* mit gemeinsamem Anfangspunkt begrenzen einen **Winkel**.

der *Scheitelpunkt* = der Schnittpunkt zweier Schenkel

Winkel bezeichnet man mit griechischen Buchstaben:

α – Alpha
β – Beta
γ – Gamma
δ – Delta
ε – Epsilon

---

der **Winkelname**

Anfänger	Profi

Anfänger:

Beispiel:
die **Winkelnamen** in einem Drachenviereck

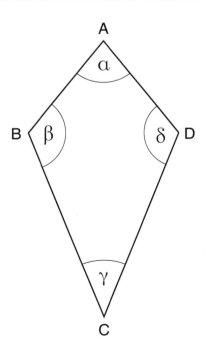

Profi:

Winkel bezeichnet man mit griechischen Buchstaben:

Zeichen	Name	Verwendung
α	Alpha	Winkel in Punkt A
β	Beta	Winkel in Punkt B
γ	Gamma	Winkel in Punkt C
δ	Delta	Winkel in Punkt D
ε	Epsilon	Winkel in Punkt E

Merke:
Winkel werden immer nach dem Eckpunkt benannt, zu dem sie gehören.

die **Winkelart**

Anfänger

Diese **Winkelarten** gibt es:

der spitze Winkel   der rechte Winkel

der stumpfe Winkel   der gestreckte Winkel

der überstumpfe Winkel   der Vollwinkel

Profi

Es gibt sechs **Winkelarten.** Sie hängen von der Größe des Winkels ab.

Name	Winkelgröße
spitzer Winkel	kleiner als 90°
rechter Winkel	genau 90°
stumpfer Winkel	zwischen 90° und 180°
gestreckter Winkel	genau 180°
überstumpfer Winkel	zwischen 180° und 360°
Vollwinkel	genau 360°

das **Geodreieck nutzen**: **Winkel messen**

Anfänger

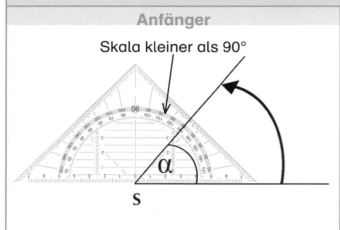

Skala kleiner als 90°

S

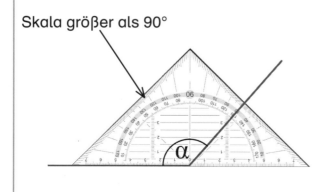

Skala größer als 90°

Profi

Mit dem Geodreieck kannst du **Winkel messen**:

1. Lege die Null an den Scheitelpunkt.
2. Lege die Kante des Geodreiecks an einen Schenkel an.
3. Lies den Winkel von der Winkelskala ab: Wo schneidet der andere Schenkel die Winkelskala?

Merke:
Winkel größer als 180° kannst du nicht direkt messen. Dann misst du den *Gegenwinkel.*

Beispiel: Der Gegenwinkel β ist direkt messbar. Das ergibt 245° für den zu messenden Winkel α:

$\alpha = 360° - 115° = 245°$

Gegenwinkel

$\beta = 115°$

$\alpha = ?$

zu messender Winkel

Bernard Ksiazek: Wort-Bild-Karten Mathematik 5/6
© Auer Verlag

das **Geodreieck nutzen**: Winkel zeichnen

Anfänger	Profi

Anfänger

Beispiel: einen 30°-**Winkel zeichnen**

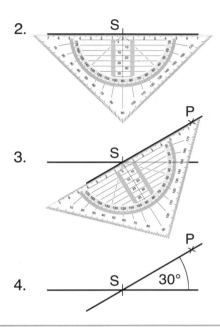

Profi

Mit dem Geodreieck kannst du **Winkel zeichnen**:

1. Zeichne eine Linie und setze in der Mitte einen Punkt.

2. Lege das Geodreieck an: Die Linealkante liegt auf der Linie und die Null liegt auf dem Punkt.

3. Drehe das Geodreieck im Nullpunkt im passenden Winkel und markiere den Winkel mit einem Punkt = *den Winkel abtragen.*

4. Zeichne den zweiten Schenkel: Verbinde die beiden Punkte.

Längen (allgemein)

| Anfänger | Profi |

Anfänger

Längen messen

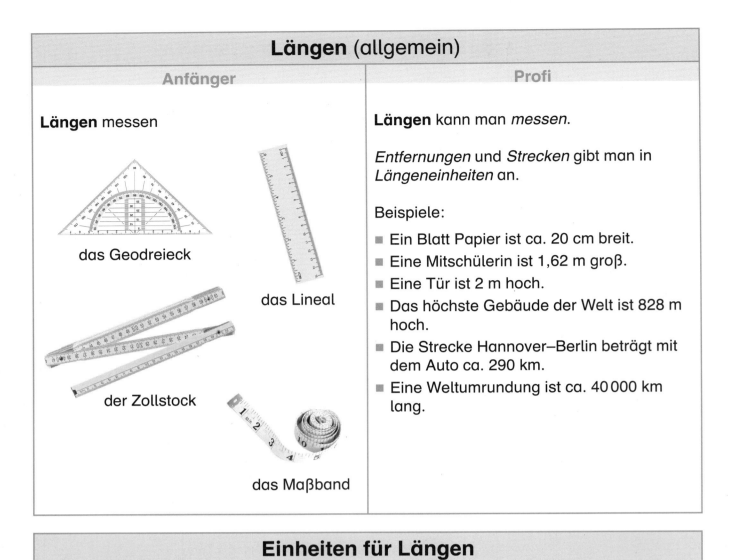

das Geodreieck

das Lineal

der Zollstock

das Maßband

Profi

Längen kann man *messen*.

Entfernungen und *Strecken* gibt man in *Längeneinheiten* an.

Beispiele:

- Ein Blatt Papier ist ca. 20 cm breit.
- Eine Mitschülerin ist 1,62 m groß.
- Eine Tür ist 2 m hoch.
- Das höchste Gebäude der Welt ist 828 m hoch.
- Die Strecke Hannover–Berlin beträgt mit dem Auto ca. 290 km.
- Eine Weltumrundung ist ca. 40 000 km lang.

Einheiten für Längen

Anfänger

Name	Kürzel	Gegenstand
der Kilometer	km	
der Meter	m	
der Dezimeter	dm	
der Zentimeter	cm	
der Millimeter	mm	

Profi

Wir verwenden **Längeneinheiten** wie *der Kilometer (km), der Meter (m)* oder *der Zentimeter (cm)*.

Weitere Maßeinheiten für Längen (USA, GB) sind: *der Zoll ("), der Fuß (ft)* oder *die Meile (mile)*.

In der Physik findest du Maße wie *Nanometer (nm)* oder *Lichtjahr (LJ)*.

Bernard Ksiazek: Wort-Bild-Karten Mathematik 5/6
© Auer Verlag

Längeneinheiten umrechnen

Merke:

1 km = 1 000 m
1 m = 10 dm
1 dm = 10 cm
1 cm = 10 mm

Beispiel:

Der Schlüssel ist 5,6 cm breit.
Das sind 56 mm.

5,6 cm = 56 mm

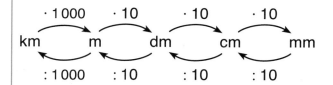

Merke:

Von *groß zu klein*: Die Zahl wird größer.

Von *klein zu groß*: Die Zahl wird kleiner.

Beispiele:

$$\xrightarrow{\cdot\,10}$$
1,87 m = 18,7 dm

$$\xleftarrow{:\,10}$$
18,7 dm = 187 cm

der **Maßstab**

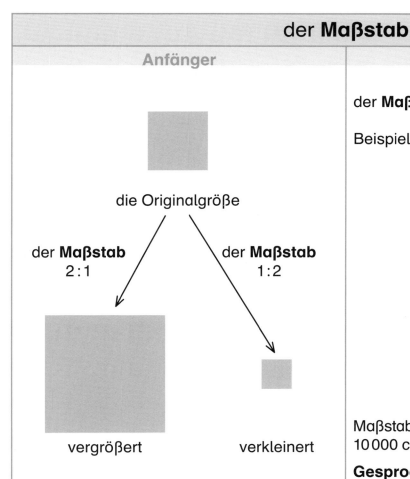

die Originalgröße

der **Maßstab** 2:1

der **Maßstab** 1:2

vergrößert

verkleinert

der **Maßstab** = gibt ein Verhältnis an

Beispiel:

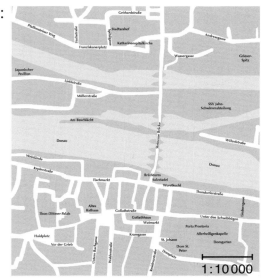

Maßstab 1:10 000 = 1 cm im Plan entspricht
10 000 cm = 100 m in Wirklichkeit

Gesprochen: „1 zu 10 000"

Gewichte (allgemein)

Anfänger	Profi

Anfänger

Gewichte messen

Gewichte

die Küchenwaage

die Balkenwaage
mit Gewichten

Profi

Mit *Waagen* misst man die *Masse* von Gegenständen.

Umgangssprachlich nennt man das **Gewicht.**

Gewichte gibt man in *Gewichtseinheiten* an.

Beispiele:
- Ein Bleistift wiegt 5 g.
- Eine Tafel Schokolade wiegt 100 g.
- Ein Liter Wasser wiegt 1 kg.
- Du stellst dich auf die Waage und weißt, wie viel Kilogramm du wiegst.
- Eine Kuh wiegt ca. 750 kg.
- Ein kleines Auto wiegt 1 t.
- Ein Elefant wiegt ca. 6 t.

Einheiten für Gewichte

Anfänger	Profi

Anfänger

Name	Kürzel	Gegenstand
die Tonne	t	
das Kilogramm	kg	
das Gramm	g	
das Milligramm	mg	

Profi

Wir verwenden häufig die **Gewichtseinheiten** *die Tonne (t), das Kilogramm (kg), das Gramm (g)* und *das Milligramm (mg).*

kg = die meist verwendete Gewichtseinheit

Weitere *Gewichtseinheiten* sind zum Beispiel *der Zentner (Ztr)* und *das Pfund (Pfd).*

Merke:

Gegenstände, die gleich groß sind, müssen nicht gleich schwer sein.

Bernard Ksiazek: Wort-Bild-Karten Mathematik 5/6
© Auer Verlag

Gewichtseinheiten umrechnen

Anfänger

Merke:
1 t   = 1 000 kg
1 kg = 1 000 g
1 g   = 1 000 mg

Beispiel:
Eine halbe Packung Mehl wiegt 500 g.
Das sind 0,5 kg.

500 g = 0,5 kg

Profi

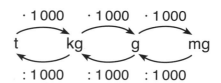

$$\cdot\,1000 \qquad \cdot\,1000 \qquad \cdot\,1000$$
$$\text{t} \qquad \text{kg} \qquad \text{g} \qquad \text{mg}$$
$$:\,1000 \qquad :\,1000 \qquad :\,1000$$

Merke:

Von *groß zu klein*: Zahl wird größer.

Von *klein zu groß*: Zahl wird kleiner.

Beispiele:

$$\xrightarrow{\;\cdot\,1000\;}$$
500 g = 500 000 mg

$$\xleftarrow{\;:\,1000\;}$$
0,5 kg = 500 g

Weitere Gewichtseinheiten:
1 Ztr = 50 kg
1 Pfd = 500 g

Zeit (allgemein)

Anfänger

Zeit messen

der Minutenzeiger (lang)
der Stundenzeiger (kurz)
der Sekundenzeiger (dünn)

die Taschenuhr
die Sonnenuhr

der Wecker
die Stoppuhr

Profi

Man kann die Uhrzeit *analog* (mit Zeiger) oder *digital* (ohne Zeiger, mit Ziffern) darstellen.

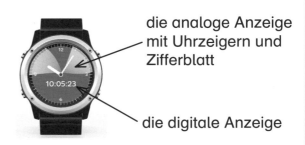

die analoge Anzeige mit Uhrzeigern und Zifferblatt

die digitale Anzeige

Beispiele:
- Du stehst um 6.30 Uhr auf und gehst um 7.30 Uhr zur Schule.
- Eine Schulstunde dauert 45 Minuten.
- Am 23. Juli ist das Schulfest.
- Das Fest beginnt um 15 Uhr und endet nach 3,5 Stunden.
- Léon läuft 100 Meter in 13,5 Sekunden.
- Léon ist 11 Jahre alt.

der **Zeitpunkt** / die **Zeitspanne**

Anfänger	Profi

Anfänger

der **Zeitpunkt**

Es ist 8 Uhr.

die **Zeitspanne**

Es dauert 10 Minuten.

Profi

der **Zeitpunkt** = eine genaue Uhrzeit

die **Zeitspanne** = die Dauer
= die Differenz zwischen zwei Zeitpunkten

Beispiele:
- Die Schule beginnt um 8 Uhr. (Zeitpunkt)
- Eine Schulstunde dauert 45 Minuten. (Zeitspanne / Dauer)
- Die Bahn fährt um 11.42 Uhr. (Zeitpunkt)
- Die Fahrt dauert von 11.42 Uhr bis 13 Uhr. Das sind 1 Stunde und 18 Minuten. (Zeitspanne / Dauer)

Einheiten für Zeit

Anfänger

Name	Kürzel	Gegenstand
der Tag	d	
die Stunde	h	
die Minute	min	
die Sekunde	s	

Profi

Wir verwenden häufig die **Zeiteinheiten** *der Tag (d)*, *die Stunde (h)*, *die Minute (min)* und *die Sekunde (s)*.

Weitere Zeiteinheiten sind zum Beispiel *die Woche* und *das Jahr (a)*.

Merke:
Gleiche Tätigkeiten müssen nicht gleich lang dauern.

Bernard Ksiazek: Wort-Bild-Karten Mathematik 5/6
© Auer Verlag

Zeiteinheiten umrechnen

Merke:
1 d = 24 h
1 h = 60 min
1 min = 60 s

Beispiel:
Eine Halbzeit beim Handball dauert 30 min.
Das sind 0,5 h.

30 min = 0,5 h

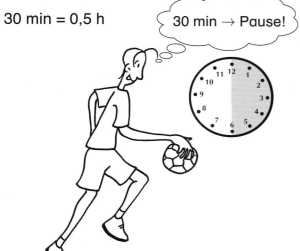

30 min → Pause!

Name	Kürzel	Umrechnung
der Tag	d	1 d = 24 h
die Stunde	h	1 h = 60 min
die Minute	min	1 min = 60 s
die Sekunde	s	60 s = 1 min

Weitere Zeiteinheiten:
1 Woche = 7 d
1 Jahr (a) = 365 d

Merke:
Alle vier Jahre ist ein *Schaltjahr*. Dann hat
das Jahr 366 Tage.

Gesprochen	für
„eine viertel Stunde"	15 min
„eine halbe Stunde"	30 min

Fläche und Flächeninhalt (allgemein)

die **Fläche**

der **Flächeninhalt**

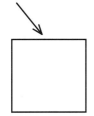

1 Kästchen ≙ 1 cm²

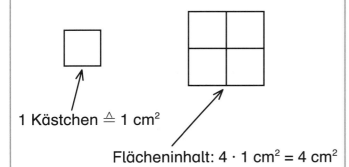

Flächeninhalt: 4 · 1 cm² = 4 cm²

Jede Figur hat eine **Fläche.** Viele Körper
haben Flächen.

der **Flächeninhalt** = Wie groß ist die
Fläche?

die **Länge**

die **Breite**

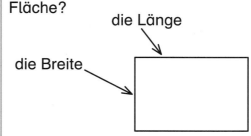

Flächeninhalt$_{Rechteck}$ = Länge mal Breite

Beispiele:
- Der Fußboden in einem Klassenraum ist
  6 m breit und 10 m lang. Er ist 60 m² groß.
- Ein Tafelflügel ist 1 m breit und 1 m hoch.
  Er hat eine Fläche von 1 m².
- Ein großes Schulheft ist ca. 20 cm breit
  und 30 cm hoch. Das sind ca. 600 cm².

Einheiten für Flächen

Anfänger			Profi

Anfänger

Name	Kürzel	Gegenstand
der Quadrat-kilometer	km²	
der Quadrat-meter	m²	
der Quadrat-dezimeter	dm²	DIE TAGESZEITUNG
der Quadrat-zentimeter	cm²	
der Quadrat-millimeter	mm²	

Profi

Flächeneinheiten erkennst du an der hochgestellten 2.

$$cm^2$$

Gesprochen: „Quadrat", hier „Quadratzentimeter"

Weitere Flächeneinheiten sind:

Name	Kürzel
das / der Hektar	ha
das / der Ar	a

Hektar und Ar werden häufig in der Landwirtschaft verwendet.

---

die Oberfläche

Anfänger

die **Oberfläche** = alle Flächen eines Körpers

Beispiel:

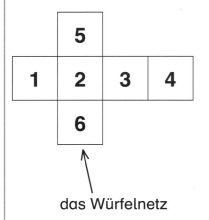

das Würfelnetz

$$Oberfläche_{Würfel} = Fläche\ 1 + Fläche\ 2 + Fläche\ 3 + Fläche\ 4 + Fläche\ 5 + Fläche\ 6$$

Profi

Die **Oberfläche** kürzt man mit O ab.

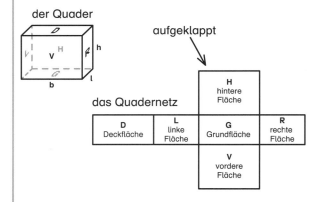

Je zwei Flächen sind gleich groß:	Flächeninhalt
D = G	$l \cdot b$
L = R	$b \cdot h$
H = V	$l \cdot h$

Formel:
$$O = 2 \cdot l \cdot b + 2 \cdot b \cdot h + 2 \cdot l \cdot h$$

Messen

Flächeneinheiten umrechnen

Merke:

$1 \text{ cm}^2 = 100 \text{ mm}^2$

$1 \text{ m}^2 = 100 \text{ dm}^2$

Beispiel:

Ein Tafelflügel ist 1 m² groß.
Das sind 100 dm².

$1 \text{ m}^2 = 100 \text{ dm}^2$

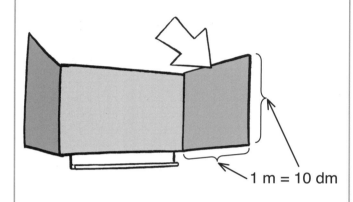

1 m = 10 dm

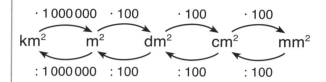

$$\cdot\,1\,000\,000 \quad \cdot\,100 \quad \cdot\,100 \quad \cdot\,100$$
$$\text{km}^2 \quad \text{m}^2 \quad \text{dm}^2 \quad \text{cm}^2 \quad \text{mm}^2$$
$$:\,1\,000\,000 \quad :\,100 \quad :\,100 \quad :\,100$$

Merke:

Von *groß zu klein*: Zahl wird größer.

Von *klein zu groß*: Zahl wird kleiner.

Beispiele:

$$\xrightarrow{\cdot\,100}$$
$$1 \text{ cm}^2 = 100 \text{ mm}^2$$

$$\xleftarrow{:\,10\,000}$$
$$0,0001 \text{ m}^2 = 1 \text{ cm}^2$$

Weitere Flächeneinheiten:
1 ha = 100 a

---

das **Volumen** (allgemein)

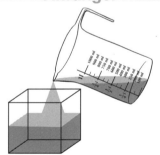

der *Inhalt* = das **Volumen**

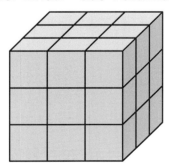

1 Würfelchen ≙ 1 cm³
das Volumen = alle Würfelchen im Würfel
(27 Stück)
= 27 cm³

das **Volumen** = der *Rauminhalt* eines Körpers

Das Volumen kürzt man mit V ab.

Volumen$_{\text{Quader}}$ = Länge mal Breite mal Höhe.

Beispiele:

- Der Würfel links ist 3 cm breit, 3 cm hoch und 3 cm tief/lang. Er hat ein Volumen von $3 \cdot 3 \cdot 3 \text{ cm}^3 = 27 \text{ cm}^3$.
- Eine Wasserflasche fasst 1 l Wasser.
- Ein Eimer hat ein Volumen von 10 l.
- Ein Müllcontainer hat ein Fassungsvermögen von 1 m³.

Bernard Ksiazek: Wort-Bild-Karten Mathematik 5/6
© Auer Verlag

Einheiten für Volumen

Name	Kürzel	Gegenstand
der Kubik-meter	m^3	
der Kubik-dezimeter	dm^3	
der Kubik-zentimeter	cm^3	
der Kubik-millimeter	mm^3	

Volumeneinheiten erkennst du an der hochgestellten 3:

$$m^3$$

Gesprochen: „Kubik", hier „Kubikmeter"

Weitere Volumeneinheiten sind zum Beispiel:

Name	Kürzel
der Milliliter	ml
der Liter	l
der Hektoliter	hl

Manchmal findest du auch die *veraltete* Abkürzung ccm statt cm^3.

Volumeneinheiten umrechnen

$1\,l = 1\,000\ ml$
$1\,l = 1\ dm^3 = 1\,000\ cm^3$
$1\ m^3 = 1\,000\ dm^3 = 1\,000\,000\ cm^3$

Beispiele:
Ein Würfelzucker hat ein Volumen von $1\ cm^3$. Das sind $1\,000\ mm^3$.

$1\ cm^3 = 1\,000\ mm^3$

Ein Tetrapak Milch hat ein Volumen von $1\,000\ cm^3$. Das ist 1 l.

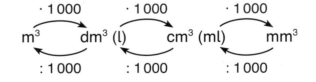

Von *groß zu klein*: Zahl wird größer.

Von *klein zu groß*: Zahl wird kleiner.

Beispiele:

$\cdot\,1\,000$
$1\ cm^3 = 1\,000\ mm^3$

$:\,1\,000\,000$
$0,000001\ m^3 = 1\ cm^3$

Bernard Ksiazek: Wort-Bild-Karten Mathematik 5/6
© Auer Verlag

Kommaschreibweise bei Maßeinheiten

die **Kommaschreibweise**

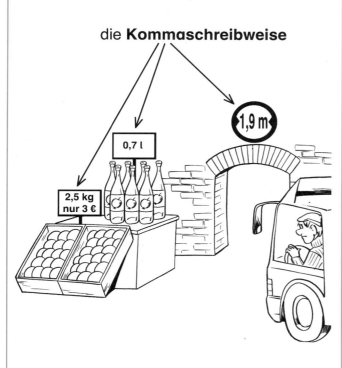

0,7 l

1,9 m

2,5 kg
nur 3 €

Maßzahlen kann man als Kommazahlen darstellen:

Vor dem Komma	Nach dem Komma	
m	dm	cm
1	9	0

1,90 m = 1 m 9 dm 0 cm = 190 cm

Vor dem Komma	Nach dem Komma
kg	g
2	500

2,5 kg = 2 kg 500 g = 2 500 g

Vor dem Komma	Nach dem Komma
l	ml
0	700

0,7 l = 0 l 700 ml = 700 ml

Vorsilben bei Maßeinheiten

Beispiele für **Vorsilben bei Maßeinheiten**:

Vorsilbe	Kürzel	Maßeinheit
Kilo...	km	der Kilometer
	kg	das Kilogramm
Dezi...	dm	der Dezimeter
	dl	der Deziliter
Zenti...	cm	der Zentimeter
	cl	der Zentiliter
Milli...	mm	der Millimeter
	mg	das Milligramm
	ml	der Milliliter
	ms	die Millisekunde

Viele Maßeinheiten haben Vorsilben. Diese haben eine Bedeutung:

Vorsilbe	Kürzel	Bedeutung	
Kilo...	k...	tausend	· 1 000
Dezi...	d...	Zentel...	: 10
Zenti...	c...	Hundertstel...	: 100
Milli...	m...	Tausendstel...	: 1 000

das Verhältnis

| Anfänger | Profi |

Anfänger

das **Verhältnis**

1 : 2

Gesprochen: „1 zu 2"

Profi

Das **Verhältnis** vergleicht die Größe zweier Mengen oder Maße.

Das Verhältnis 1 : 2 bedeutet zum Beispiel: Pro Banane gibt es 2 Äpfel.

1 : 2	
Bananen	**Äpfel**
1	2
2	4
3	6
4	8
5	10
...	...

---

proportional

Anfänger

proportional = das Verhältnis bleibt gleich

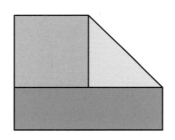

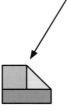

Profi

zwei Größen sind **proportional** zueinander = wenn man die Größen ändert, bleibt ihr Verhältnis gleich

Beispiele:

- Figuren links: Jede Fläche wird kleiner, aber das Verhältnis der Seiten bleibt gleich.
- Zutaten eines Pudding-Rezeptes vervielfachen:

Pudding für ... Personen			
Personen	**Milch**	**Zucker**	**Puddingpulver**
1	$\frac{1}{4}$ l	1 EL	25 g
2	$\frac{1}{2}$ l	2 EL	50 g
3	$\frac{3}{4}$ l	3 EL	75 g
4	1 l	4 EL	100 g
...	...	...	...

Von jeder Zutat braucht man mehr, aber die Mengenverhältnisse bleiben gleich.

Bernard Ksiazek: Wort-Bild-Karten Mathematik 5/6
© Auer Verlag

proportional vergrößern

Anfänger	Profi

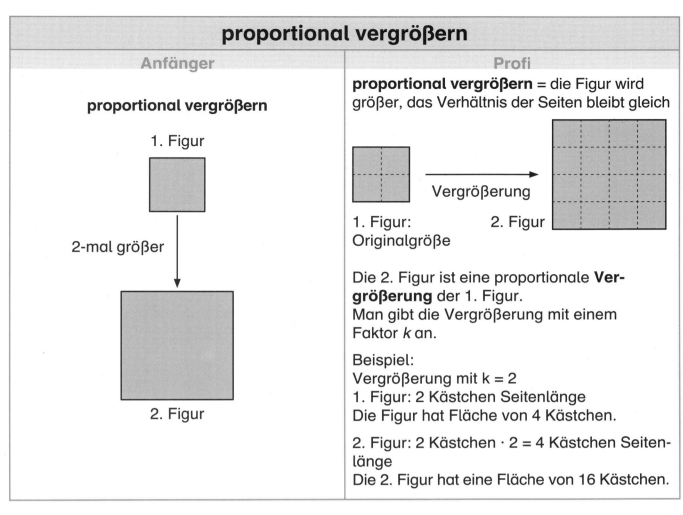

Anfänger (links):

proportional vergrößern

1. Figur

2-mal größer

2. Figur

Profi (rechts):

proportional vergrößern = die Figur wird größer, das Verhältnis der Seiten bleibt gleich

Vergrößerung

1. Figur: Originalgröße

2. Figur

Die 2. Figur ist eine proportionale **Vergrößerung** der 1. Figur.
Man gibt die Vergrößerung mit einem Faktor k an.

Beispiel:
Vergrößerung mit $k = 2$
1. Figur: 2 Kästchen Seitenlänge
Die Figur hat Fläche von 4 Kästchen.

2. Figur: 2 Kästchen · 2 = 4 Kästchen Seitenlänge
Die 2. Figur hat eine Fläche von 16 Kästchen.

proportional verkleinern

Anfänger	Profi

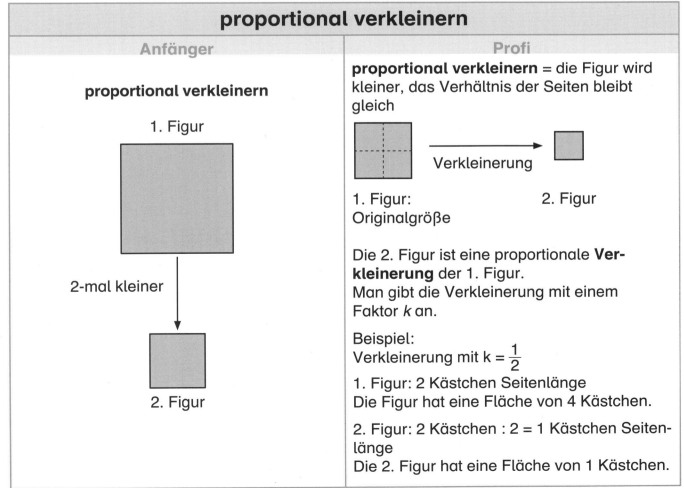

Anfänger (links):

proportional verkleinern

1. Figur

2-mal kleiner

2. Figur

Profi (rechts):

proportional verkleinern = die Figur wird kleiner, das Verhältnis der Seiten bleibt gleich

Verkleinerung

1. Figur: Originalgröße

2. Figur

Die 2. Figur ist eine proportionale **Verkleinerung** der 1. Figur.
Man gibt die Verkleinerung mit einem Faktor k an.

Beispiel:
Verkleinerung mit $k = \frac{1}{2}$

1. Figur: 2 Kästchen Seitenlänge
Die Figur hat eine Fläche von 4 Kästchen.

2. Figur: 2 Kästchen : 2 = 1 Kästchen Seitenlänge
Die 2. Figur hat eine Fläche von 1 Kästchen.

direkt/indirekt proportional

Anfänger	Profi

Anfänger

direkt proportional

die Gärtner	die Bäume
...	...

indirekt proportional

die Lkw	die Paletten
	12 Paletten
	je 6 Paletten
	je 4 Paletten
...	...

Profi

a **direkt proportional** zu b
= a : b bleibt immer gleich,
  d.h. verdoppelt man a, dann verdoppelt
  man auch b usw.

Beispiel: Je mehr Gärtner (a) arbeiten, desto
mehr Bäume (b) werden an einem Tag
gepflanzt: 1 : 2 = 2 : 4 = 3 : 6 ...

a **indirekt proportional** zu b
= a · b bleibt immer gleich,
  d.h. verdoppelt man a, dann halbiert man
  b usw.

Beispiel: Je mehr Lkw (a) man einsetzt,
desto weniger Paletten (b) muss ein Lkw
transportieren: 1 · 12 = 2 · 6 = 3 · 4 ...

---

die **einfache Zuordnung**

Anfänger	Profi

Anfänger

Beispiele für **einfache Zuordnungen**:

die Tabelle

Monat	Jan	Feb	März
Temperatur	3 °C	4 °C	8 °C

das Diagramm

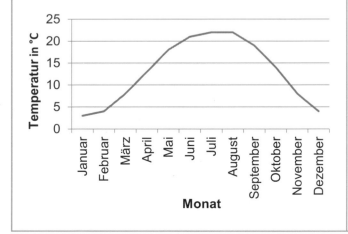

Profi

die **Zuordnung** = man ordnet einer Größe
den Wert einer anderen Größe zu

Man nutzt dazu oft Tabellen oder Diagramme.

Kurzform: 1. Größe → 2. Größe

Beispiel: Temperaturänderungen

Man ordnet jedem Monat eine Temperatur
zu, zum Beispiel: Im Februar sind es 4 Grad.

1. Größe

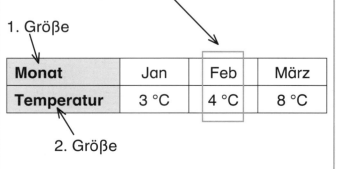

2. Größe

Kurzform: Monat → Temperatur

Bernard Ksiazek: Wort-Bild-Karten Mathematik 5/6
© Auer Verlag

die **Tabelle**

Anfänger
Profi

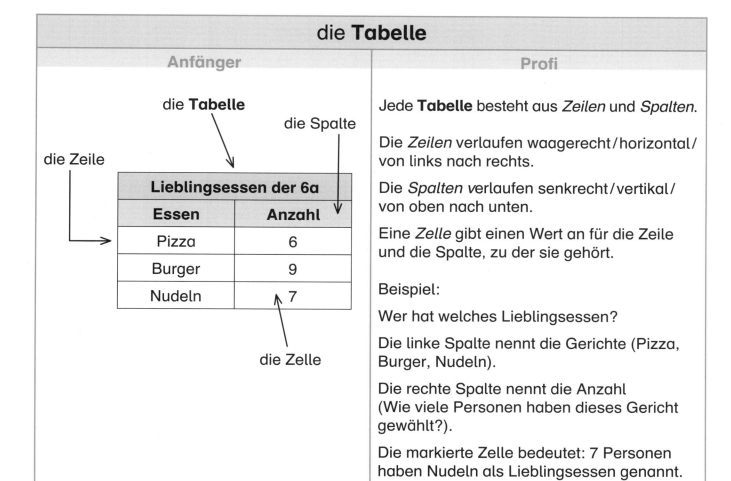

Jede **Tabelle** besteht aus *Zeilen* und *Spalten*.

Die *Zeilen* verlaufen waagerecht / horizontal / von links nach rechts.

Die *Spalten* verlaufen senkrecht / vertikal / von oben nach unten.

Eine *Zelle* gibt einen Wert an für die Zeile und die Spalte, zu der sie gehört.

Beispiel:

Wer hat welches Lieblingsessen?

Die linke Spalte nennt die Gerichte (Pizza, Burger, Nudeln).

Die rechte Spalte nennt die Anzahl (Wie viele Personen haben dieses Gericht gewählt?).

Die markierte Zelle bedeutet: 7 Personen haben Nudeln als Lieblingsessen genannt.

die **Strichliste**

Anfänger
Profi

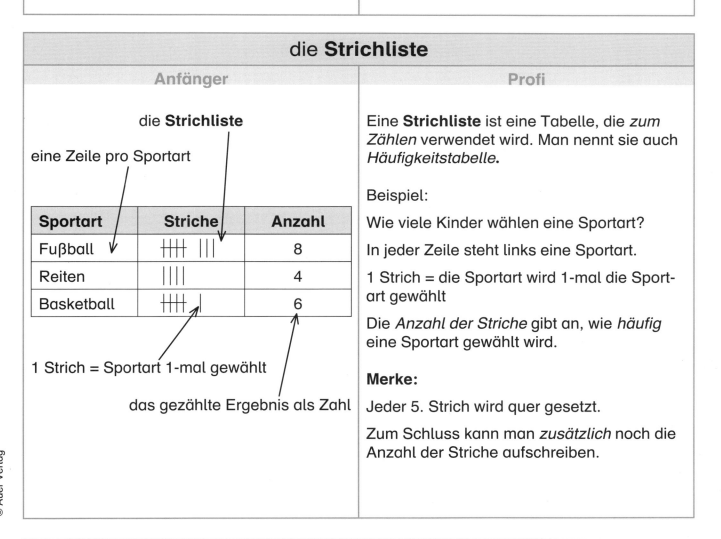

Eine **Strichliste** ist eine Tabelle, die *zum Zählen* verwendet wird. Man nennt sie auch *Häufigkeitstabelle*.

Beispiel:

Wie viele Kinder wählen eine Sportart?

In jeder Zeile steht links eine Sportart.

1 Strich = die Sportart wird 1-mal die Sportart gewählt

Die *Anzahl der Striche* gibt an, wie *häufig* eine Sportart gewählt wird.

Merke:

Jeder 5. Strich wird quer gesetzt.

Zum Schluss kann man *zusätzlich* noch die Anzahl der Striche aufschreiben.

Bernard Ksiazek: Wort-Bild-Karten Mathematik 5/6
© Auer Verlag

das Säulendiagramm

Anfänger	Profi

das Säulendiagramm

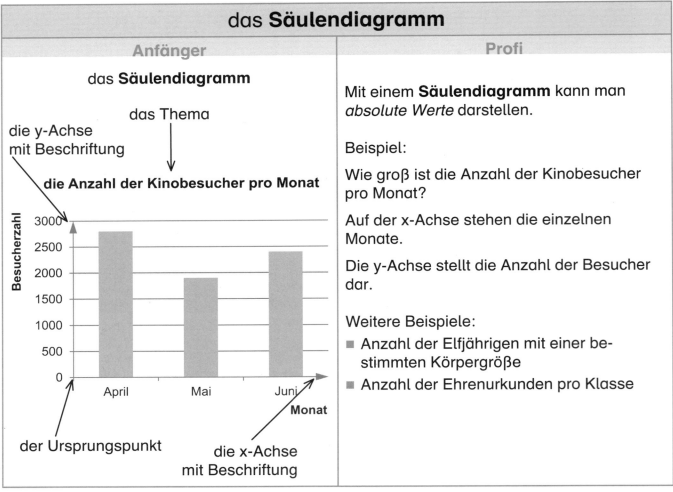

Mit einem **Säulendiagramm** kann man *absolute Werte* darstellen.

Beispiel:

Wie groß ist die Anzahl der Kinobesucher pro Monat?

Auf der x-Achse stehen die einzelnen Monate.

Die y-Achse stellt die Anzahl der Besucher dar.

Weitere Beispiele:
- Anzahl der Elfjährigen mit einer bestimmten Körpergröße
- Anzahl der Ehrenurkunden pro Klasse

das Kreisdiagramm

Anfänger	Profi

das Kreisdiagramm

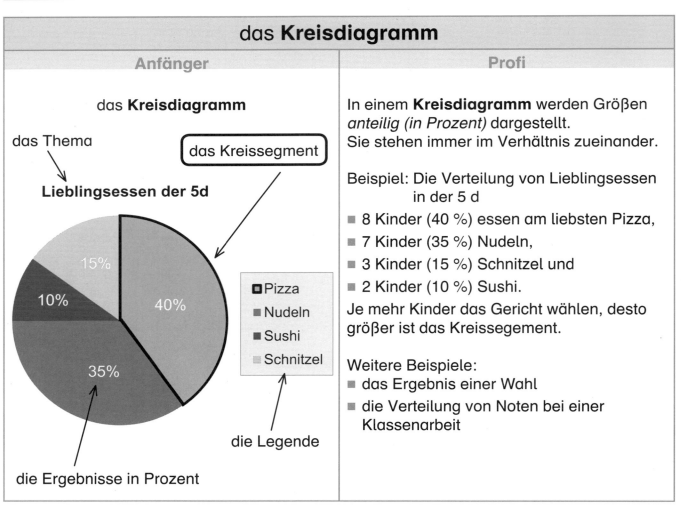

In einem **Kreisdiagramm** werden Größen *anteilig (in Prozent)* dargestellt.
Sie stehen immer im Verhältnis zueinander.

Beispiel: Die Verteilung von Lieblingsessen in der 5 d
- 8 Kinder (40 %) essen am liebsten Pizza,
- 7 Kinder (35 %) Nudeln,
- 3 Kinder (15 %) Schnitzel und
- 2 Kinder (10 %) Sushi.

Je mehr Kinder das Gericht wählen, desto größer ist das Kreissegment.

Weitere Beispiele:
- das Ergebnis einer Wahl
- die Verteilung von Noten bei einer Klassenarbeit

Bernard Ksiazek: Wort-Bild-Karten Mathematik 5/6
© Auer Verlag